Sammlung Göschen

Die Werkzeugmaschinen für Metallbearbeitung

Von

Prof. **Hermann Wilda**
Ingenieur
Inhaber der Medaille des Vereins
zur Förderung des Gewerbefleißes
in Preußen

III

Die Hobel-, Shaping- und Stoßmaschinen — Die Sägen und Scheren — Antrieb und Kraftbedarf

Mit 98 Abbildungen

Zweite, neubearbeitete Auflage

Berlin und Leipzig
Vereinigung wissenschaftlicher Verleger
Walter de Gruyter & Co.
vormals G. J. Göschen'sche Verlagshandlung - J. Guttentag, Verlagsbuchhandlung - Georg Reimer - Karl J. Trübner - Veit & Comp.
1921

Druck der Vereinigung wissenschaftlicher Verleger
Walter de Gruyter & Co., Berlin W. 10

Inhaltsverzeichnis.

Erster Abschnitt.

Die Werkzeugmaschinen mit geradliniger Arbeitsbewegung.

Zweiter Abschnitt.

Antrieb, Kraftbedarf u. Arbeitswiderstand für Werkzeugmaschinen.

Literatur.

Adler, Umlaufreihen bei Werkzeugmaschinen, Zeitschr. d. Vereins deutsch. Ing. 1907.
Benjamin, Moderne amerikanische Werkzeugmaschinen, 1908.
Darbyshire, Die Schleifmaschinen in der Metallbearbeitung, 1908.
Diederich, Werkzeugmaschinen.
Fischer, Die Werkzeugmaschinen, 1905.
Hülle, Die Werkzeugmaschinen und ihre Konstruktionselemente, 1913.
Kagerer, Moderne Werkzeugmaschinen, 1910.
Kurrein, Die Werkzeuge und Arbeitsverfahren der Pressen, 1914.
Meyer, Leitfaden der Werkzeugmaschinenkunde, 1913.
Pockrandt, Versuche zur Ermittlung der günstigsten Arbeitsweise der Rundschleifmaschinen, 1911.
Pregel, Drehbänke, 1898, Fräser und Schleifmaschinen.
Preger, Werkzeuge und Werkzeugmaschinen, 1913.
Ruppert, Aufgaben und Fortschritte des deutschen Werkzeugmaschinenbaues, 1907.
Schlesinger, Versuche über die Leistungen von Schmirgelscheiben, 1907.
Schmidt, Spanabhebende Werkzeugmaschinen.
Taylor-Wallichs, Über Dreharbeit und Werkzeugstähle, 1908.
Weiß, Die Werkzeugmaschinen zur Bearbeitung der Metalle, 1897.
Codron, Experiences sur les machines outels, 1912.
Karmarsch-Heeren, Technisches Wörterbuch.
Toussaint, Neuzeitliche Betriebsführung und Werkzeugmaschine, 1918.
Kick, Vorlesungen über mechanische Technologie.
v. Hoyer, Die Verarbeitung des Metalls und des Holzes.
Yurke Mietscke, Handbuch der Fräserei.
Die Werkstattstechnik, Zeitschrift.
Die Werkzeugmaschine, Zeitschrift.
Zeitschrift des Vereins deutscher Ingenieure.
Zeitschrift für Werkzeugmaschinen und Werkzeuge.
Kataloge von Schieß, Froriep, Reinecker und anderen Werkzeugmaschinenfabriken.

Erster Abschnitt.

Die Werkzeugmaschinen mit geradliniger Arbeitsbewegung.

I. Die Hobelmaschinen.

1. Die **Hauptaufgabe** der Hobelmaschinen besteht in der Bearbeitung ebener Flächen mittels eines Werkzeugs mit meist einer Schneide. Während bei der Bearbeitung schwerer Werkstücke diese ruhen und das Werkzzeug die Haupt- und Schaltbewegung ausführt, wird bei nicht zu großen Arbeitsstücken die Anordnung so getroffen, daß das Werkstück mit dem Tisch die hin- und hergehende Hauptbewegung ausführt, während der Hobelstahl geschaltet wird, das ist ein Merkmal für die Bearbeitung von Ebenen. Nach Beendigung des Arbeitsganges folgt der beschleunigte Rücklauf. Die Momentschaltung muß während des Leerlaufs des Werkzeugs und zu Anfang seiner Arbeitsbewegung erfolgen.

Die Bauarten der Hobelmaschinen lassen sich folgendermaßen einteilen.

Die Tischhobelmaschinen (Abb. 1, 2), nach Bauarten von Otto Froriep in Rheydt. Das Werkzeug wird senkrecht zur Bewegung des Tisches geschaltet, das Werkstück macht mit dem Arbeitstisch die hin- und hergehende Bewegung. Die Schaltung kann in wagerechter, senkrechter und schräger Richtung erfolgen.

Abb. 1.

Zur Vergrößerung der Leistungsfähigkeit werden auch Werkzeuge mit mehreren Schneiden (Abb. 20, 21, 22, S. 21) verwendet, oder man hat versucht, auch den Rücklauf des Tisches zum Spanabheben zu benutzen. Ebenso finden sich Einrichtungen an Tischhobelmaschinen, um sog. Querhobeln zu ermöglichen, wobei der Tisch stillsteht und das Werkzeug an einem horizontalen Querbalken hin und her geführt wird.

Zu der zweiten Hauptgruppe mit ruhendem Werkstück, bei de· das Werkzeug die Haupt- und Schaltbewegung ausführt, gehören die Grubenhobelmaschinen, bei denen die schweren Werkstücke, wie Maschinenrahmen, Panzerplatten auf Aufspannplatten, in einer Vertiefung des Bodens liegen, ferner die Seiten- oder Langhobelmaschinen, die auf seitlich vom Bett gelegenen und in der Höhe nachstellbaren Tischen das Werkstück tragen. Zu dieser Gruppe sind auch zu rechnen die Vertikalhobelmaschinen, bei denen das Werkzeug sich an einer vertikalen Führung auf und ab bewegt, weiter die Horizontalhobelmaschinen, bei denen der Werkzeugträger in der Längs ichtung des Tisches hin und her gleitet.

Eine Kombination der letzteren beiden Anordnungen bilden die Horizontal- und Vertikalhobelmaschinen.

Außerdem sind hier zu nennen die Blechkantenhobelmaschinen, die auch so gebaut werden, daß sich zwei zueinander rechtwinklige Kanten gleichzeitig bearbeiten lassen.

Unter Schnellhobelmaschinen werden Anordnungen verstanden, bei denen Werkzeug und Werkstück sich gleichzeitig bewegen, und zwar beim Arbeitsgang gegeneinander, beim Rückgang voneinander.

Hobelmaschinen mit kleinem Hub, bei denen das Werkzeug den Arbeitsgang allein oder auch den Vorschub ausführt, der aber auch vom Werkstück ausgeführt werden

Abb. 2.

kann, werden als Querhobel-, Feil- oder Shapingmaschinen bezeichnet.

Größere Hobelmaschinen werden vielfach noch mit besonderen Supporten für Bohr- und Fräsarbeiten versehen.

2. Die **Hauptteile der Hobelmaschinen** sind: Gestell und Ständer, der Support, der Hobeltisch, die Mittel zu dessen Antrieb, Führung, Umsteuerung und Stillsetzung, sowie zur Erzeugung eines beschleunigten Rücklaufs und endlich die Ableitung und Erzeugung des Vorschubes.

a) Das **Gestell** besteht bei Tischhobelmaschinen aus gut versteiften Kasten mit annähernd quadratischem Querschnitt, oft ohne Füße. Die auf Biegung beanspruchten Ständer zeigen häufig die statisch bessere Form mit Schrägstütze. Ständer von Einseit-Hobelmaschinen haben häufig Kreisquerschnitt.

b) Den **Support** in einfacher Ausführung zeigen Abb. 3—8. Der Querschlitten *q*, am Querträger *t* gleitend, Abb. 3, führt bei der Bearbeitung einer wagerechten Fläche die Schaltbewegung aus und wird durch die im Querträger gelagerte Leitspindel *m* bewegt. Auf dem Querschlitten (Abb. 3—7) kann sich die Drehscheibe *d* drehen, während die Lyra *l* von der Zugspindel *n* durch Kegelräder bewegt und die Lyraspindel *s* verschoben werden kann. Der Klappenträger *g* kann auf der Vorderseite der Lyra um einen Bolzen gedreht werden, und damit der Hobelstahl beim Rückgang vom Werkstück abgehoben werden kann, ist die Klappe *p*, die das Werkzeug trägt, um einen Bolzen *o* am Klappenträger drehbar. Dieser kann durch Schrauben auf einem kreisförmigen Schlitz festgestellt werden. Eine etwas veränderte Ausführung zeigen Abb. 5—7, bei der die Lyra als Drehscheibe und zur Führung des schräg zu stellenden Vertikalschlittens dient.

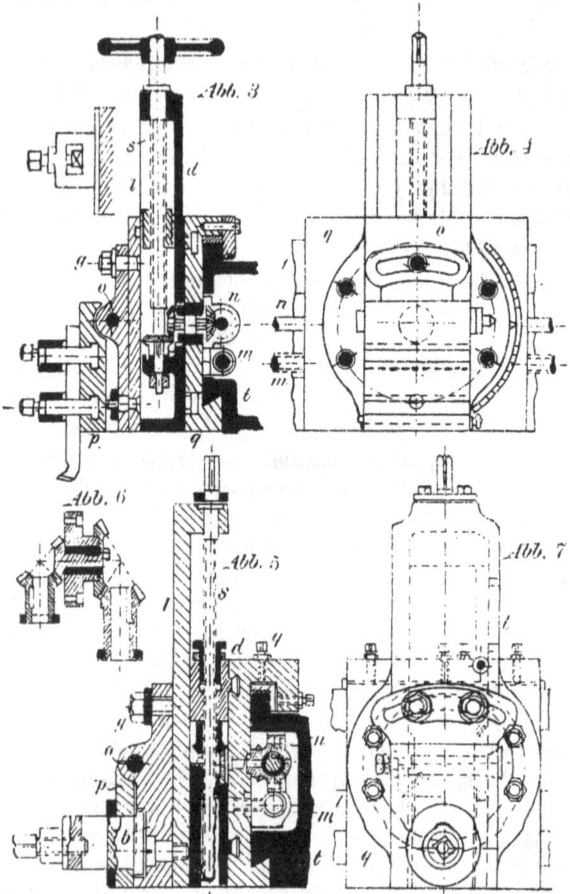
Abb. 3
Abb. 4
Abb. 6
Abb. 5
Abb. 7

Der den Support tragende Querträger q kann (Abb. 3—9) mittels in den Ständern gelagerter, vertikaler Schrauben durch Kegelräder von Hand oder durch Selbstgang gehoben und gesenkt und während der Arbeit festgestellt werden, während der Support auf dem Querträger senkrecht zur Tischbewegung geschaltet wird.

Das Abheben des Meißels vom Arbeitsstück wird selbsttätig von einer oberhalb des Querarms liegenden Welle u erreicht (Abb. 8), die am Querträger gelagert ist. Die Hin- und Herdrehung dieser Welle kann durch eine an ihrem Ende angeordnete Kurbel k erfolgen, deren Bewegung von den Zahnrädern auf der Zug- oder Leitspindel erfolgt. Die Welle trägt einen verschiebbaren Hebel (Abb. 9), dessen unteres Ende sich gegen den Querschlitten legen kann, und dessen oberes Ende durch einen Kettenzug mit einem auf dem Drehbolzen der Klappe befestigten Hebel h verbunden ist. Wird für die Schaltung eine Zahnstange z benutzt (Abb. 10), so greift diese in ein Zahnrad auf der genannten Welle, und die Drehung einer auf ihr verschiebbaren Kettenrolle wird auf den Hebel des Klappenbolzens übertragen. Das Abheben des Meißels kann auch von der weiter zu besprechenden Schaltdose ausgehen, wenn das in ihr vorhandene Sperrad außen mit Kettenradzähnen versehen wird.

c) Der Arbeitstisch.

α) Die *Bewegung des Tisches* läßt sich grundsätzlich auf vier Weisen ermöglichen, durch Zahnstange und Rad, durch Zahnstange und Schnecke oder Schraubenrad, durch Schraubenspindel und Mutter und endlich durch Trommel und Seil.

1. Die Bewegung durch Zahnstange und Rad zeigen Abb. 8, 11, bei der ein Stirnrädervorgelege eine Übersetzung ins Langsame erzeugt. Der Zahnstangentriebling r ist in Abb. 8 ziemlich klein, bei Anwendung größerer Trieblinge,

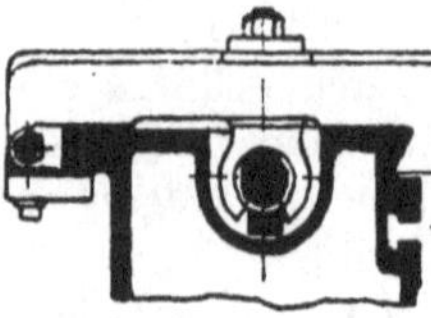

Abb. 12

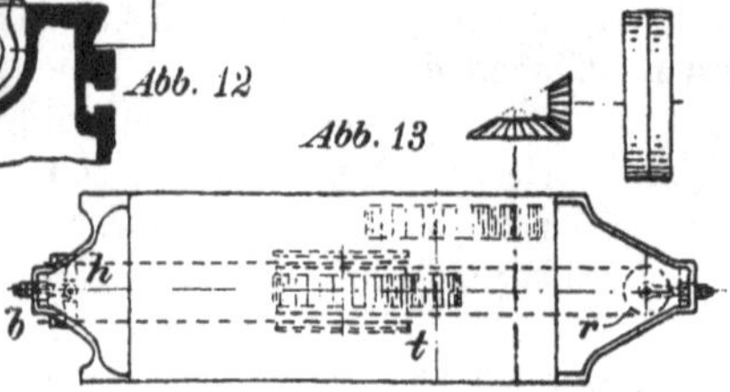

Abb. 13

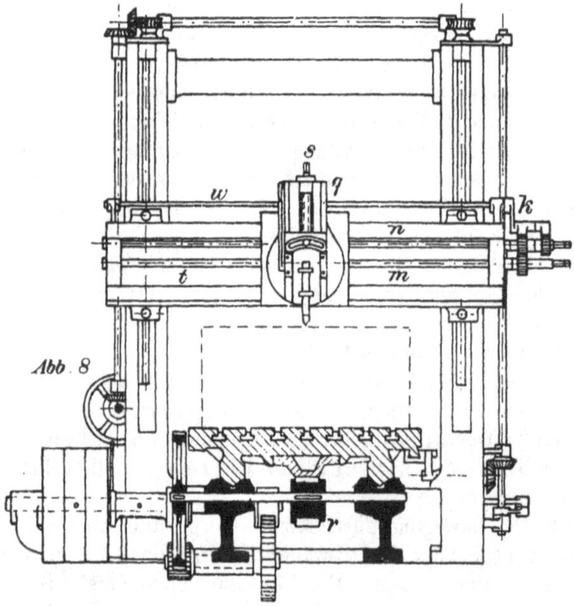

Abb. 8

die in bezug auf guten Eingriff vorzuziehen sind, werden auch größere Räderübersetzungen erforderlich (Abb. 11).

2. Einen Antrieb durch Zahnstange und Schnecke zeigen die Abb. 19, 20, Bd. I. Erfolgt die Tischbewegung parallel oder senkrecht zur Richtung der Welle der Transmission, so wird die Einschaltung eines Kegelräderpaares nötig; gibt man der Tischlängsachse eine Neigung gleich der Steigung der Schnecke, so können sie fehlen. Eine wesentliche Verbesserung bietet die Anwendung der Schraubenzahnstange (Abb. 12), die eine gute Schmierung der Schnecke zuläßt und gewissermaßen den Eingriff von zwei Zahnstangen ineinander darstellt.

3. Bei Anwendung einer Schraube kann ein besserer Wirkungsgrad erreicht werden, wenn man die Schraube mehrgängig ausführt. In der Regel wird die Mutter geteilt, um sie nachstellen zu können. Die Anwendung des Seiltriebes ist in Abb. 13 dargestellt.

Um eine unterhalb des Tisches liegende, doppelte Trommel t sind die beiden Enden eines Drahtseils geschlungen, die mit dem Tisch durch einen doppelarmigen Hebel h verbunden sind. Am anderen Tischende ist das Seil um eine Leitrolle r geführt. Die Trommel ist in der Mitte als Zahnrad ausgebildet und wird durch Stirn- und Kegelrädervorgelege von den Antriebsscheiben betätigt. Leitrolle und Hebel können nachgestellt werden. Durch diese Anordnung werden von unten auf den Tisch wirkende Kräfte vermieden.

Der Antrieb des Tisches wird durch umsteuerbares Riemenvorgelege erreicht, wobei für den Arbeitsgang meist zwei Geschwindigkeiten, für den Leergang eine erhöhte Geschwindigkeit vorgesehen wird, um Schruppen und Schlichten mit verschiedenen Geschwindigkeiten vorzunehmen und Schnellhobelstahl neben dem gewöhnlichen Hobelstahl verwenden zu können. Eine Schnittgeschwindigkeit findet

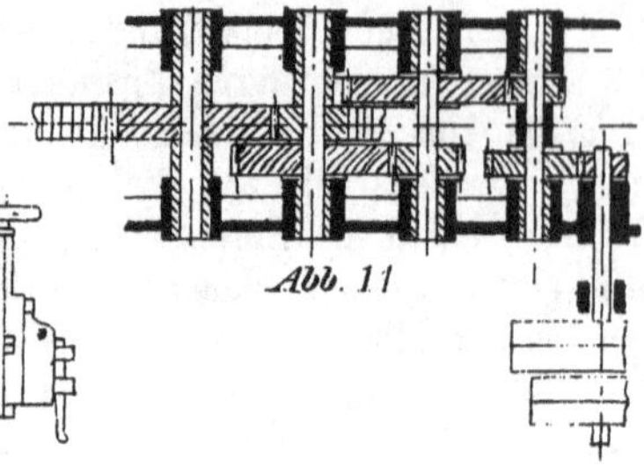

Abb. 11

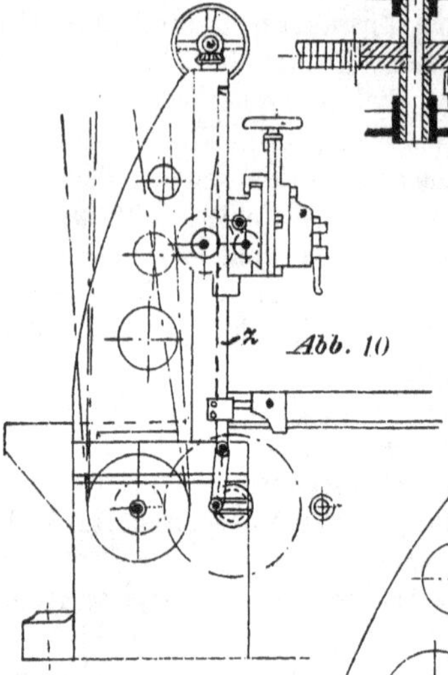

Abb. 10

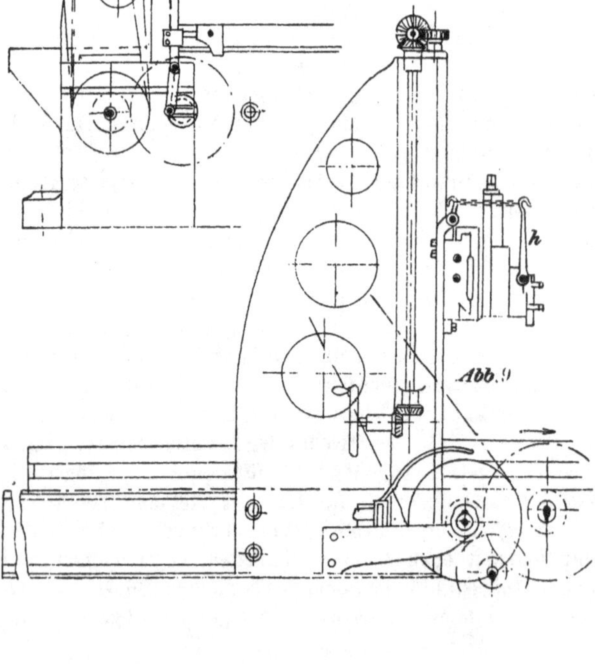

Abb. 9

sich meist nur bei kleineren Hobelmaschinen bis 1,5 m Durchgang, größere erhalten meist zwei für den Arbeitsgang, bei letzteren macht man die Rücklaufgeschwindigkeit etwa 2—4 mal, bei kleineren 8—10 mal größer als den Arbeitsgang.

Ist nur eine Schnittgeschwindigkeit vorhanden, so sind für den offenen und den geschränkten Riemen je eine Fest- und eine Losscheibe anzuordnen, während bei zwei Schnittgeschwindigkeiten für den Arbeitsgang je eine feste und lose Scheibe eingebaut sind.

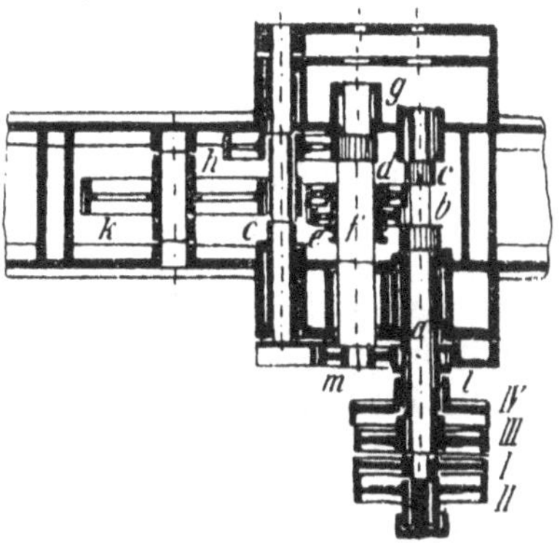

Abb. 13a.

Eine Anordnung für zwei Tischgeschwindigkeiten zeigt Abb. 13a, in der die Festscheibe I mittels der Welle *a*, der Räder *b*, *c* die verschiebbaren Räder *d*, *e* treiben, wodurch zwei Schnittgeschwindigkeiten möglich sind. Die Tischzahnstange wird durch die Räder *g*, *h*, *i*, *k* angetrieben. Für den Rücklauf gelangt der Riemen auf die Losscheibe II, während der Rücklaufriemen von der Losscheibe III auf die Festscheibe IV kommt, so daß Rad *l* durch Rad *m* die Welle *f* dreht und die Zahnstange durch die Räder *g*, *h*, *i*, *k* rückläufig bewegt wird.

Um die Stöße bei der Tischumkehr zu mildern, hat man zu verschiedenen Anordnungen gegriffen, u. a. zu Vorgelegen von elektromagnetischen Reibungskupplungen mit als Magnetkörpern ausgebildeten Riemenscheiben.

β) Als Mittel für die *Umsteuerung* der Riemen kommen Rädergetriebe (Abb. 8) nicht mehr viel zur Verwendung, da Riemenwendegetriebe einen stoßfreieren Gang ermöglichen und höhere Riemengeschwindigkeiten zulassen. Die verwendeten Riemenwendegetriebe haben schnellen Rücklauf, vgl. Bd. I, S. 41.

Der Antrieb für die Verschiebung der Riemengabeln geht stets vom Hobeltisch aus, wofür allgemein am Tisch angeordnete, verstellbare Stoßknaggen (Abb. 18, S. 21) benutzt werden.

Die starke Riemenabnutzung hat vielfach veranlaßt, Riemenantrieb zu vermeiden. Elektromagnetische Kupplungen als Ersatz haben sich nicht bewährt, erst Elektromotoren mit wechselnder Umlaufrichtung scheinen Erfolg zu versprechen.

γ) Bei den großen lebendigen Kräften, die durch das hohe Gewicht des Tisches an dessen Hubenden sich in Stoßarbeit umsetzen, bedarf die *Bettführung des Tisches* besonderer Aufmerksamkeit. Die Möglichkeit einer Entgleisung, das Kippen des Tisches, muß ausgeschlossen und die Abnutzung in den Führungen durch Nachstellen unschädlich zu machen sein. Werden ebene Tischführungen verwendet, die seitliche Nachstellung durch eingelegte Stellleisten erfordern, so dienen zur Schmierung meist in der Führung vertieft liegende, sich drehende und durch Federn angepreßte Schmierrollen, die ein wenig über die Führungsfläche hervorragen.

Für ∨ oder ∧ gestaltete Prismenführungen werden keine Stelleisten erforderlich, besonders ∨-Führungen am Bett (Abb. 8) lassen gute Schmierung zu, da sie auf einer

Seite längs der V-Führung des Tisches sich als Ölbehälter ausbilden lassen.

Bei schweren Maschinen läßt man die V-Führung des Tisches häufig das Bett seitlich durch eine untergeschraubte Gleitschiene umfassen.

d) Die **Vorschubbewegung des Supports** läßt sich im wesentlichen auf drei Arten erreichen. Entweder kann man die für den Tisch erforderliche Umsteuerung gleichzeitig für die Schaltbewegung benutzen, oder es werden für den Tisch und den Vorschub voneinander getrennte Steuerungen verwendet, indem man zwar die Tischumsteuerung benutzt, aber beide Steuerungen nacheinander zur Wirkung kommen läßt, oder indem man für die Schaltsteuerung eine besondere Vorgelegewelle anordnet, die eine hin- und hergehende Bewegung ausführt und eine Momentkupplung einbaut, die sich nach einer gewissen Umdrehung der Welle selbsttätig auskuppelt.

α) Bei *gleichzeitiger Umsteuerung* des Tisches und des Vorschubes (Abb. 14, S. 18) greift an den Hebel h, der gleichzeitig zur Riemenverschiebung dient, eine Zugstange an, deren anderes Ende eine am Ständer der Hobelmaschine gelagerte Welle mittels eines auf ihr angeordneten Hebels h_1 hin und her dreht. Diese Welle trägt eine Kurbelscheibe k mit verstellbarem Zapfen, von dem aus durch das Steuerungsgestänge ein Schaltwerk betätigt wird, so daß nach Einrückung der die Zug- oder Leitspindel betätigenden Triebe vertikal oder horizontal gehobelt werden kann.

β) Bei *getrennter Tisch-* und *Supportumsteuerung*, die von der Tischbewegung aus angetrieben wird, kommen zwei Knaggen am Tisch zur Anwendung, die nacheinander zwei Wellen drehen, auf denen Hebel, die mit Zugstangen verbunden sind, die Schalt- und dann die Tischumsteuerung

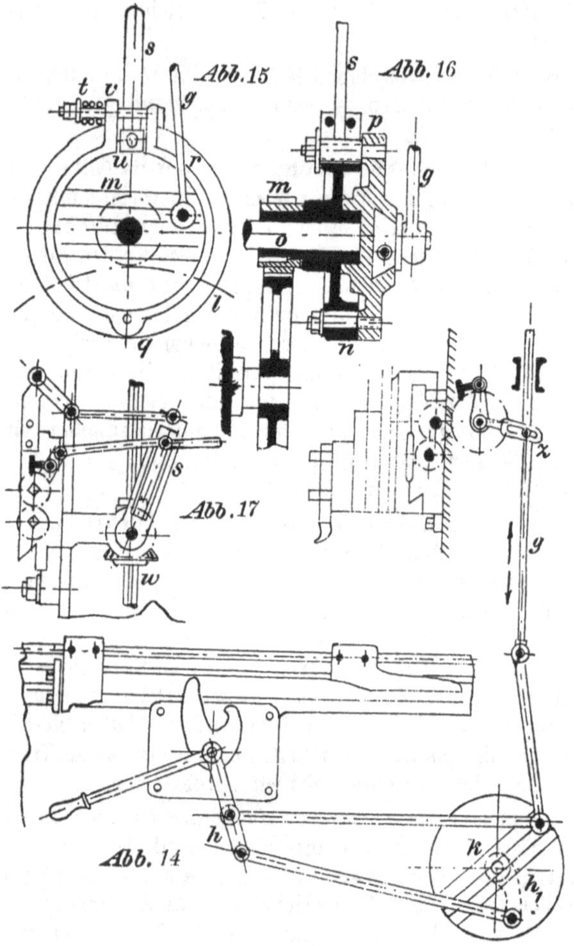

Abb. 15

Abb. 16

Abb. 17

Abb. 14

betätigen. Es lassen sich hierbei die verschiedensten Anordnungen wählen.

γ) Für den Antrieb von einer sich hin und her drehenden Welle des Antriebräderwerkes wird heute allgemein zur Bewegung des Übertragungsgestänges eine Kurbelscheibe verwendet, die auf einem Zapfen am Maschinenbett drehbar ist und von der Antriebswelle durch ein Stirnrädervorgelege angetrieben wird. Als Zwischenglied zwischen der Kurbelscheibe und dem Antriebsgestänge dienen Kupplungen verschiedener Art, die auf einem Teil der Drehung der Antriebswelle mit der Kurbelscheibe gekuppelt und durch einen Anschlag ausgelöst werden.

δ) Den Antrieb durch eine Spreizringkupplung nach Kirchner & Co. zeigen Abb. 15, 16. Das auf der ersten Vorgelegewelle sitzende Stirnrad greift in ein kleineres *m*, das mit der Scheibe *n* auf der im Maschinengestell frei drehbaren, kurzen Welle *o* sitzt. Auf der äußeren Nabe von *n* steckt drehbar die Kurbelscheibe *p*, die den Rand der Nabe mit ein paar Lappen umgreift, so daß sie von *n* nicht abfallen kann.

An der Kurbelscheibe ist ein gespaltener Ring *r* durch den Bolzen *q* befestigt. Der Ring legt sich durch den Druck von zwei Federn *t* fest auf die Außenfläche der Scheibe *n*, die dadurch mit der Kurbelscheibe gekuppelt wird. Diese trägt einen Bolzen *u* zwischen den Schenkeln *v v* des Ringes *r* und auf dem Bolzen steckt drehbar ein Hebel *s* mit vierkantiger Nabe, durch dessen Bewegung nach links oder rechts die Schenkel *v* des Ringes auseinandergebogen werden. Dreht sich nun z. B. die Kurbelscheibe durch die Reibung zwischen Scheibe *n* und Ring *r* rechts herum, so trifft Hebel *s* gegen einen am Maschinengestell befestigten Stift, die Kupplung wird durch die vierkantige Nabe von *s* gelöst und die Kurbelscheibe steht still, während Rad *m* und Scheibe *n* sich weiter drehen. Kehrt sich die Drehrichtung der Räder *l* und *m* um, so wird die Kupplung geschlossen. Die Kurbelscheibe dreht sich nun links herum, bis Hebel *s* gegen einen zweiten Stift am Maschinengestell trifft und die Kupplung wieder gelöst wird. Durch die hin und her gehende Bewegung der Kurbelscheibe wird in noch zu erläuternder Weise die Leit- und Zugspindel im Querträger bewegt.

Statt der Spreizringkupplung kommen auch den Lamellenkupplungen ähnliche zur Verwendung oder Keilradkupplungen, bei denen eine Doppelklinke, die an einem Bolzen der Kurbelscheibe drehbar ist, in den keilförmigen Rand einer neben der Kurbelscheibe sitzenden Scheibe greift.

ε) Um die *Bewegung* auf den eigentlichen Schaltmechanismus zu übertragen, diente bei älteren Ausführungen ein von der Schubstange der Kurbelscheibe vertikal bewegtes Gestänge *g* (Abb. 14), das, mit einem Zapfen *z* versehen, ein aus Klinke und Sperrad bestehendes, offenes Schaltwerk antrieb, von dem aus die im Querträger gelagerte Zugspindel geschaltet wurde. Eine andere Ausführung, bei der die Schaltung durch eine sich hin und her drehende Welle *w*, mittels einer schwingenden Schleife *s* erreicht wird, zeigt Abb. 17, S. 18.

Bei Antrieb der Schaltbewegung durch eine solche Momentkupplung wird durch die mit letzterer verbundene Kurbelscheibe und eine Lenkstange die Bewegung auf eine vertikale Zahnstange übertragen (Abb. 10, S. 14). Die Zahnstange bewegt ein Rad am Querträger und dieses treibt unter Einschaltung eines Stirnrädervorgeleges die Zugspindel. Zu diesem Zweck sitzt das in die Zahnstange eingreifende Rad *r* (Abb. 18, 19) auf der Nabe eines mit Innenverzahnung versehenen Sperrades *s*, so daß dieses die Bewegung des Zahnstangenrades mitmacht. Neben dem Sperrad sitzt ein zweites Zahnrad, in dem der Bolzen *b* für die Sperrklinke e befestigt ist. Die Sperrklinke läßt sich durch einen Handgriff einrücken. Wird der Sperrer mit dem Sperrad in Eingriff gebracht, so wird das Rad z_1 in dem einen oder anderen Sinne mitgenommen, und je nachdem

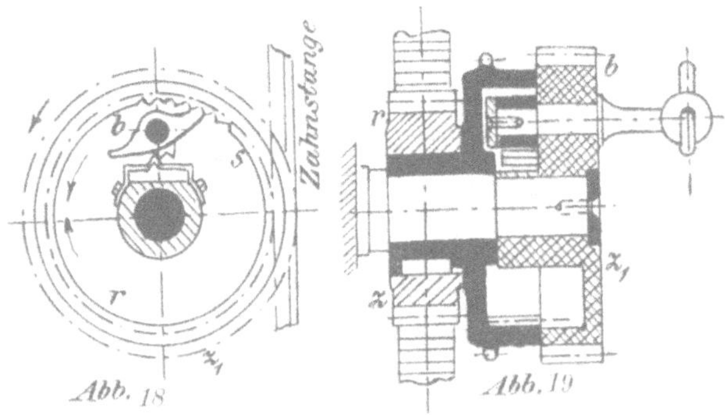

Abb. 18 Abb. 19

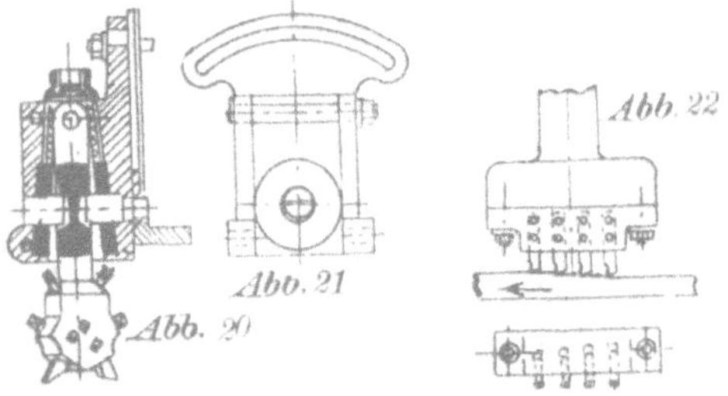

Abb. 20 Abb. 21 Abb. 22

Rad z in ein Rad auf der Zug- oder Leitspindel eingreift, werden diese geschaltet. Diese sog. Schaltdosen werden je nach der Art der Schaltung auf die Zug oder Leitspindel gesteckt und sind auch für mehrere Supporte verwendbar.

Dem Vorteil sicherer Tischführung der Tischhobelmaschine stehen die Nachteile gegenüber, daß die lichte

Abb. 22a.

Weite zwischen den festen Ständern die Größe der Arbeitsstücke beschränkt, und daß sie eine große Grundfläche beanspruchen, da der Tischweg gleich der doppelten Tischlänge sein muß. Man hat daher durch die Möglichkeit, einen der Ständer seitlich herauszuschieben, Bauarten geschaffen, die größere Durchgangsweite zulassen, und zu demselben Zweck einen der Seitenständer ganz fortgelassen, wodurch die Einständer- oder Einpilaster-Hobelmaschine entsteht (Abb. 22a, S. 22).

3. Bei **Vertikalhobelmaschinen** läßt sich auf einem Bett, auf das das Werkstück festgespannt ist, durch selbsttätige Schaltung oder von Hand ein Ständer mit senkrechtem Schlitten wagerecht verschieben. Der Stahl schneidet beim Niedergang. Für die Bearbeitung der Trennungsflächen von geteilten Riemenscheiben, Schwungrädern usw. sind derartige Maschinen sehr geeignet.

4. Für sperrige Gegenstände vielfach verwendet, weil nach einer Seite und bei Anordnung einer Grube der Raum auch nach unten frei ist, wird die **Grubenhobelmaschine.** Sie wird oft mit zwei Aufspanntischen und mit zwei voneinander abhängigen, durch je eine besondere Schraubenspindel betriebenen Schlitten ausgerüstet, von denen jeder die ganze Bettlänge bestreichen kann. Jeder Aufleger trägt einen wagerecht, senkrecht und im Winkel selbsttätig verschiebbaren Schlitten und kann durch einen Handgriff am vorderen Ende beliebig für Vor- und Rücklauf oder Stillstand umgesteuert werden. Die Maschine eignet sich hauptsächlich zum Hobeln langer und schmaler Gegenstände.

Derartige Maschinen werden auch mit vier Aufspanntischen und zwei Supporten an einem Arm gebaut.

5. Sog. **Schnellhobelmaschinen**, bei denen sich Werkstück und Werkzeug während des Hobelns nähern, im Leergang voneinander entfernen, erfordern, daß die Seitenständer

Abb. 23.

sowie der Tisch je durch eine Schraubenspindel bewegt werden, wobei sie gleichzeitig angetrieben werden, sich aber, wie erwähnt, stets gegenläufig bewegen.

II. Querhobel-, Feil- oder Shapingmaschinen.

1. Bei den **Querhobelmaschinen,** die im wesentlichen Hobelmaschinen mit kleinem Hub bis etwa 800 mm darstellen, arbeitet das Werkzeug in wagerechter Richtung und macht meist die Hauptbewegung allein, während das Werkstück die Schaltbewegung ausführt. Bei der Bearbeitung größerer Werkstücke gibt man jedoch dem Werkzeug beide Bewegungen, wobei die Bahn des Stößels quer verschiebbar ist (Abb. 23).

Die Hauptteile der Querhobelmaschine sind das Bett mit der Führung des Tisches und des Stößels, der Support, der Tisch mit dem Bettschlitten, der Antrieb und die Steuerung.

Das Bett enthält auf der Oberseite die Führung für den Stößel und auf der Vorderseite die für den Bettschlitten, unterhalb des Stößels wird, wenn der Antrieb desselben durch Kurbelschwinge erfolgt, diese gelagert.

2. **Der Support** (Abb. 24) ist ähnlich ausgeführt wie derjenige der Hobelmaschine. Die an der Vorderseite drehbar gelagerte Lyra *l* dient zur Lagerung der Lyraspindel, durch deren Drehung der Vertikalschlitten verstellt werden kann, so daß der Klappenträger *t* mit der drehbaren Klappe *k* für Schräghobeln eine geneigte Lage einnehmen kann. Für Vertikalhobeln wird eine Schaltvorrichtung auf der Lyraspindel angeordnet.

3. Der **Antrieb** wird, je nachdem das Werkzeug die Hauptbewegung allein oder Haupt- und Schaltbewegung ausführt, verschieden angeordnet. Im ersteren Falle kommt vorwiegend die Kurbelschwinge oder Zahnstangentrieb zur

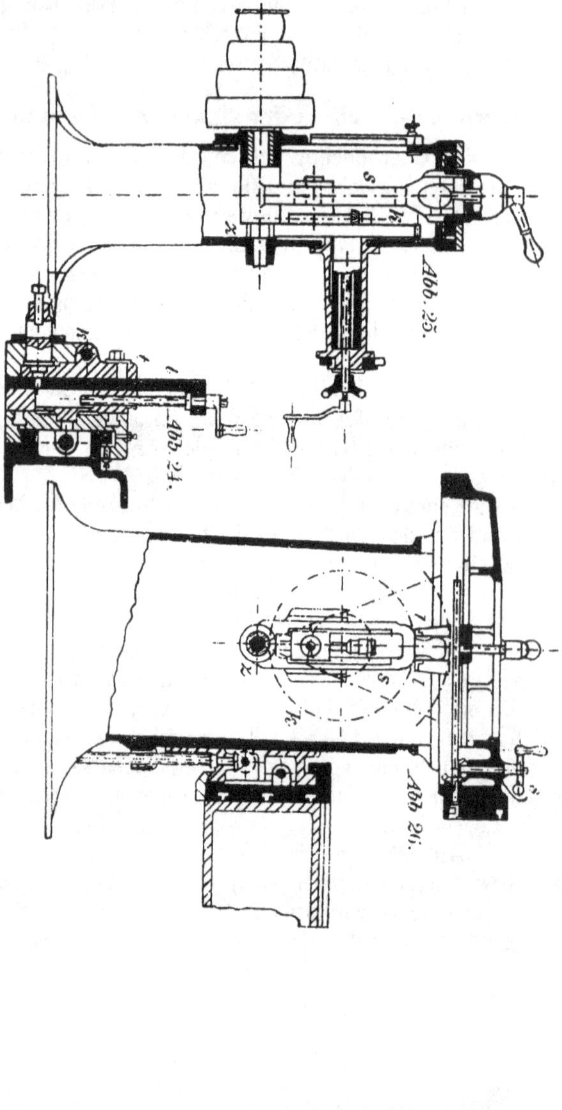

Abb. 24.

Abb. 25.

Abb. 26.

Anwendung, letzterer meist, wenn stärkere Späne abgenommen werden sollen.

Bei Verwendung der Zahnstange geschieht die Umsteuerung durch Frösche, die aber im Vergleich mit dem Kurbelmechanismus eine minder gute Einstellung der Weglänge des Stößels gestattet. Dieser Übelstand kann aber durch Anwendung einer Reibungskupplung und einer verschiebbaren Muffe vermieden werden, durch die die Scheiben für den offenen und gekreuzten Trieb auf der angetriebenen Welle mit dieser gekuppelt werden können.

a) Hat das Werkzeug Haupt- und Schaltbewegung, so erfolgt der Antrieb meist durch eine **Umlaufschleife.**

Bei Anwendung einer Kurbelschleife (Abb. 25, 26), die stets im Innern des Gestells liegt, trägt die Antriebswelle der Stufenscheibe ein kleines Zahnrad *z*, das die außenverzahnte Kurbelscheibe *k* antreibt, und der zur Veränderung des Hubes verstellbare Zapfen der Kurbelscheibe treibt die Kurbelschwinge *s*. Der Drehpunkt der Schwinge befindet sich entweder auf einer zur Antriebswelle parallel liegenden Welle oder auf der Antriebswelle selbst, die dann eine Laufbüchse trägt. Der Antrieb des Stößels geschieht entweder dadurch, daß die Kurbelschwinge zwischen Klauen *l* am Stößel angreift (Abb. 26), oder daß zwischen der Mutter des Stößels und der Schwinge ein Gestänge eingeschaltet ist (Abb. 27a).

Der Stößel wird durch Drehung einer an ihm befindlichen Schraube *s* von der Seite oder von oben her, im letzteren Falle durch Einschaltung von Kegelrädern eingestellt (Abb. 26).

Die Hubverstellung erfolgt durch eine Handkurbel (Abb. 25, 26), deren Welle ein Kegelrad trägt, durch das ein zweites auf der Stellschraube für den Kurbelzapfen gedreht wird.

b) Den Antrieb durch **Zahnstange** *z* zeigen Abb. 27, 28.

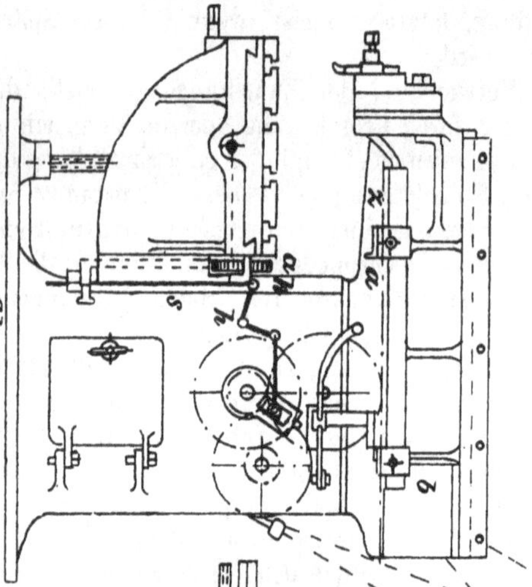

Abb. 27.

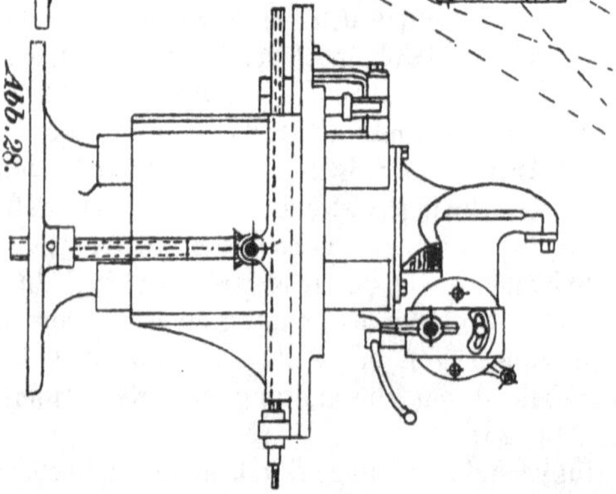

Abb. 28.

Der Stößel, der an seiner Unterseite die Zahnstange trägt, wird von der Antriebswelle aus durch Zwischenschaltung von Stirnrädern angetrieben.

c) Antrieb mit **Schnecke** und **Schneckenrad** ist aus Abb. 29 ersichtlich. Die im Gestell gelagerte Welle der

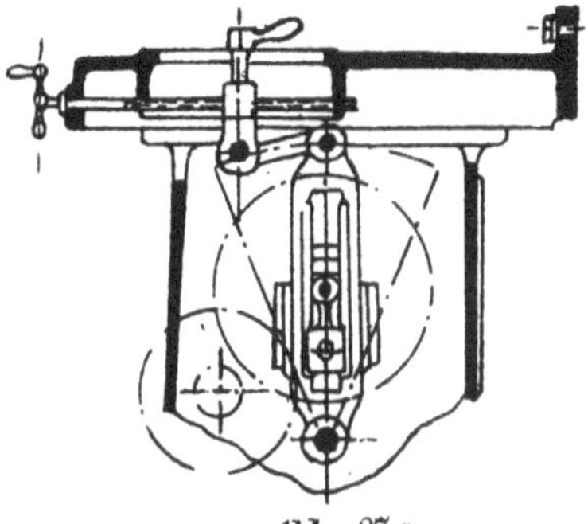

Abb. 27 a.

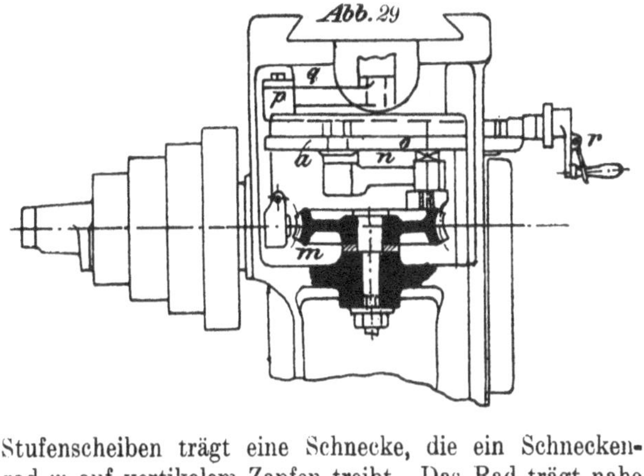

Abb. 29

Stufenscheiben trägt eine Schnecke, die ein Schneckenrad m auf vertikalem Zapfen treibt. Das Rad trägt nahe dem Umfange einen Stift, der in einen Hebel n eingreift;

dieser bewegt das Gleitstück *o* mit Schieber *p*, von dem aus der Stößel durch den Hebel *q* bewegt wird. Da sich *o* mit dem Zapfen *a* dreht, erhält es durch den Hebel *n* eine hin und her gehende Bewegung, und eine Hubveränderung des Stößels läßt sich erzielen, wenn der Schieber *p* längs dem Teil *o* durch den Handgriff *r* vermittels einer Schraube mit Rechts- und Linksgewinde verschoben wird.

Den Antrieb einer Querhobelmaschine mit Haupt- und Schaltbewegung des Stößels durch schwingende Kurbelschleife zeigen Abb. 30, 31.

Die Antriebswelle *e*, auf der die Stufenscheiben sitzen, treibt durch das Zahnrad *f* das Rad *g*, dessen Welle an einem Ende die Kurbelscheibe *i* mit nachstellbarem Zapfen für die Hubveränderung trägt, während am anderen Ende eine mit Schlitz versehene Scheibe die Veränderung der Querbewegung gestattet. Die hin- und hergehende Bewegung des Stößels *o* wird von der Kurbelscheibe *i* erzeugt, und bei der Drehung ihres nachstellbaren Zapfens in dem Schlitz des um *b* drehbaren Kurbelarms *p* wird die Bewegung durch das Gestänge *q* auf den Stößel übertragen.

In Abb. 32, 33 ist eine Umlaufscheibe als Antriebsmittel dargestellt. Das vom Zahnrad z_1 auf der Antriebswelle angetriebene Zahnrad z_2 nimmt durch seinen Zapfen die exzentrisch gelagerte Schleife *k* mit, die den Stößel durch eine Schubstange *q* antreibt.

4. Die **Umsteuerung** für schnellen Rücklauf des Stößels erfolgt bei Anwendung der erwähnten Kurbelgetriebe direkt.

a) Bei Antrieb durch Zahnstange ist eine besondere Steuerung nötig, durch welche der offene oder gekreuzte Riemen auf die Stufenscheibe gebracht wird. Für diesen Zweck können nach Abb. 27 am Stößel befindliche Knaggen *a*, *b* verwendet werden, die einen Hebel für die Drehung der Umsteuerungswelle durch Anstoßen an einen Anschlag umlegen, wobei der Bettanschlag oft mit einem keilförmigen, durch Mikrometerschraube fein einstellbaren Anschlagstück versehen wird, um den Zeitpunkt der Umsteuerung genau zu regeln.

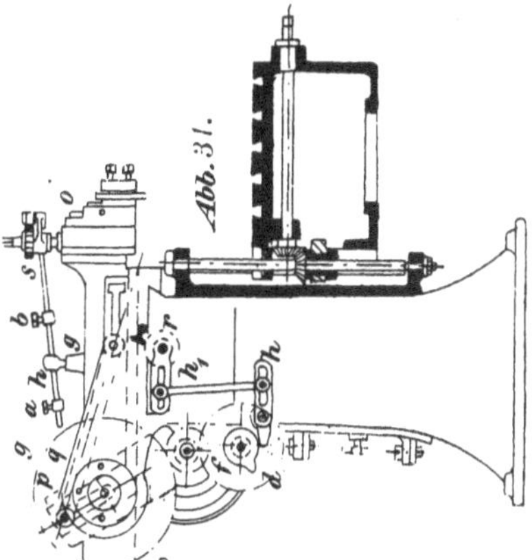
Abb. 31.

b) Zur Vermeidung eines Riemenwendegetriebes wird vielfach eine **Reibungskupplung** (Bd. I, Abb. 60) verwendet, die vom Stößel selbst mit den Losscheiben für den offenen und gekreuzten Riemen gekuppelt wird. Ein Anschlag des Stößels dreht den Arm eines ⊤-Hebels, dessen anderer Arm eine in der hohlen Antriebswelle gelagerte Stange mit Stift verschiebt, wie durch Abb. 60 erläutert ist.

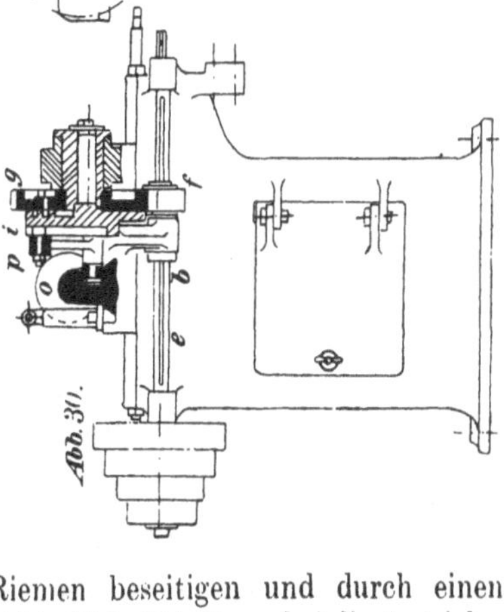
Abb. 30.

c) Bei elektrischem Antrieb läßt sich der stark beanspruchte gekreuzte Riemen beseitigen und durch einen offenen ersetzen (vgl. Abb. 65 in Bd. 1), wobei die Antriebswelle der Querhobelmaschine zwei lose Scheiben trägt, die sich aber einzeln mit der Welle kuppeln lassen, wenn eine Scheibe auf der Welle des Elektromotors für den schnellen Rücklauf benutzt wird, eine von der Motorwelle aus durch Zahnräder angetriebene, entgegengesetzt dieser sich drehende Vorgelegewelle aber für den langsameren Arbeitsgang dient.

5. Für die **Tischbewegung** kann der Bettschlitten von Hand durch eine in ihm gelagerte Welle in der Höhe verstellt werden, und zwar durch eine vertikale Schraube, die, durch Kegelräder angetrieben, sich aus einer am Gestell unten angeordneten festen Mutter herausschraubt (Abb. 27, 28). Wird der Bettschlitten durch eine am Bett befestigte Zahnstange geführt (Abb. 34, 35), so kann die Verstellung durch Drehung des Zahnstangentriebes vermittels eines auf gleicher Welle sitzenden Schneckenrades erfolgen, das seine Bewegung von einer Schnecke *s* auf vertikaler Welle erhält.

Die Verstellung des Querschlittens kann von Hand durch eine am Bettschlitten wagerecht liegende Leitspindel erfolgen (Abb. 35). Für den Selbstgang des Querschlittens trägt die Leitspindel außen ein Schaltrad und die hin- und herschwingende Schaltklinke, die von einer Kurbelscheibe oder einem Schalthebel auf der im Gestell gelagerten Vorgelege- oder Antriebswelle durch einen Lenker angetrieben wird. Liegt die Schaltschraube in der Mitte des Tisches, so wird sie durch Kegelräder durch eine wagerechte Welle angetrieben, die am Gestell das Schaltrad trägt, wobei die Nabe des einen Kegelrades die Schaltschraube als Mutter umfaßt.

Statt der Kurbelscheibe oder des Lenkers mit verstellbarem Zapfen kann auch eine Exzenterscheibe benutzt werden, deren Stange den Schalthebel mit der auf ihm

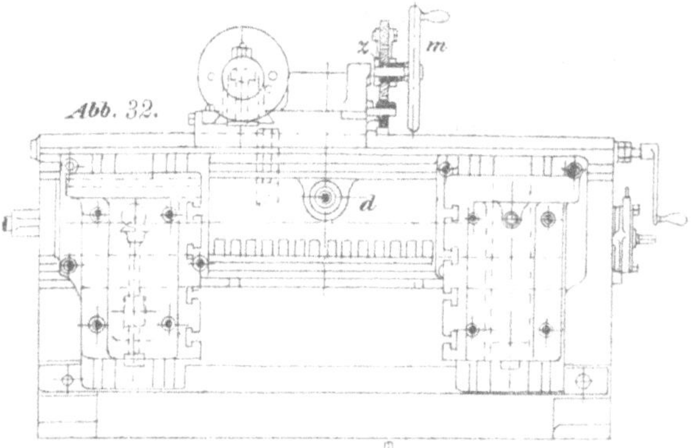

Abb. 32.

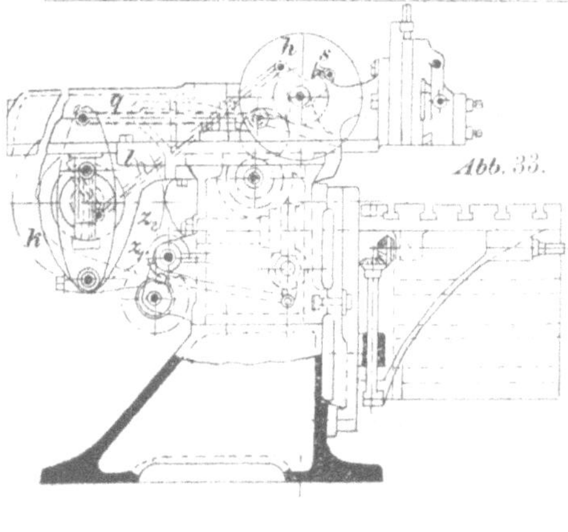

Abb. 33.

befestigten Schaltklinke hin und her dreht (Bd. I. Abb. 79).

6. Die **Größenänderung des Vorschubes** läßt sich dadurch erzielen, daß man den Zapfen des Schalthebels, an dem die Exzenterstange angreift, in einem Schlitz verstellbar macht, oder daß sich die Exzenterscheibe selbst auf ihrem Zapfen dreht und so die Exzentrizität ändert. Die Exzenterstange muß in allen Fällen eine Verlängerung oder Verkürzung zulassen (Bd. I, Abb. 80, 81).

In Abb. 27 sitzt die Sperrklinke *k* an einer vertikalen Stange *s* und wird unter Zwischenschaltung eines Hebels *h* angetrieben.

Abb. 32, 33 zeigen die Schaltung von einer Kurbelscheibe *k* aus, die durch einen Lenker *l* einen Schwinghebel *h* mit Sperrklinke *s* bewegt. Auf der Achse des Sperrades sitzt ein Zahnrad *z*, von dem aus durch ein Zwischenrad die Mutter *d* der Leitspindel bewegt wird. Das Rad *z* ist auf die verlängerte Nabe des Handrades *m* aufgekeilt.

Um vertikal hobeln zu können, trägt die Lyraspindel (Abb. 31) ein Sperrad *s* und an den die Sperrklinke tragenden Schalthebel ist eine Stange *h* angelenkt, deren Anschläge *a* und *b* gegen ein festes Auge *h* stoßen, so daß der hin- und hergehende Stößel das Schaltwerk antreibt.

Hier wird die Schaltung durch eine Daumenscheibe *d* auf der Vorgelegewelle angetrieben und durch zwei Schalthebel *h* und h_1 auf das Schaltrad *r* übertragen.

Die allgemeine Anordnung einer doppelten Shapingmaschine mit schnellem Rückgang der Stößel ist aus Abb. 34a ersichtlich.

7. **Überschläglicher Arbeitsbedarf** von Hobelmaschinen in PS:

Tischhobelmaschinen		Schnellhobelmaschinen		Blechkantenhobelmaschinen			Shapingmaschinen einfache		Shapingmaschinen mit Stößelquerbewegung	
Hobelbreite Hobelhöhe mm	PS	Hub mm	PS	Hobellänge mm	Spannhöhe mm	PS	Hub mm	PS	Hub×Bettlänge mm	PS
450×380	2,5—3	200	1,5	4000	100	7	150	0,75—1	300×1800	3
700×500	4—4,5	300	2	5000	120	8	200	1—1,5	400×2000	4
800	5	400	3		140	10	250	1—1,5	510×2200	5
1000×850	6—8	500	4,5	1000—10000	160	15	300	2	600×2400	6
1250×1050	10—12	600	6		200	20	350	2,5	800×3200	7,5
1500×1300	12—18	800	7,5				400	3	1000×3800	10
1800×1500	16—20	1000	9				450	2,5—3,5		
2000	18						500	4,5—5		
2200×1800	20—22						600	6		
2500	—20						650	5—6,5		
2600×2200	24—28						800	6,5—7,5		
3000×2600	30—35						1000	9		
3500×3000	35—45									
4000×3500	45—55									

III. Die Stoßmaschinen.

1. Die **Anwendung** der Stoßmaschinen hat durch die weitere Ausbildung der Fräsmaschinen eine große Einbuße erlitten.

Ihre Anwendung erstreckt sich vorwiegend auf das Herstellen von Keilnuten in den Naben von Scheiben und Rädern, das Ausstoßen geschlossener Stangenköpfe usw., jedoch lassen sich auch gerade und gekrümmte Flächen auf ihr bearbeiten. Die Bohrungen von Scheiben und Rädern gestatten ein bequemes zentrisches Aufspannen auf dem Arbeitstisch und Bearbeiten des Umfanges der Bohrung.

Für ihre Wirkungsweise ist charakteristisch die in vertikaler Richtung erfolgende Hauptbewegung des Stößels und die momentane Vorschubbewegung des Werkstücks.

Ihre Größenabmessungen sind bestimmt durch das größte Maß der möglichen Tischverschiebung und des Hubes des Stößels, sowie dessen Entfernung vom Gestell, der Ausladung.

Der Bauart nach sind **feste** und **transportable Stoßmaschinen** zu unterscheiden, letztere werden an das zu bearbeitende Werkstück angesetzt.

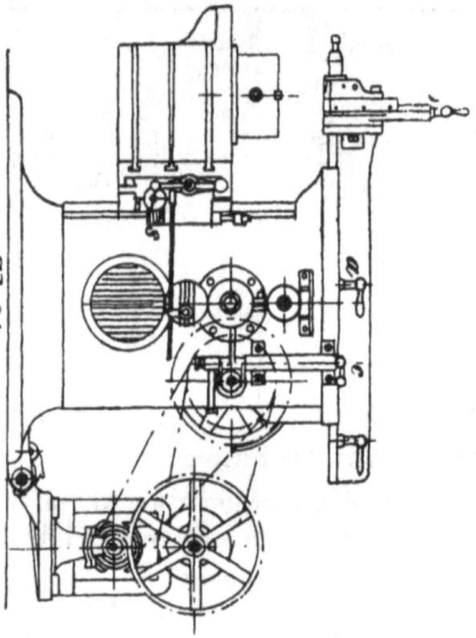

Abb. 34.

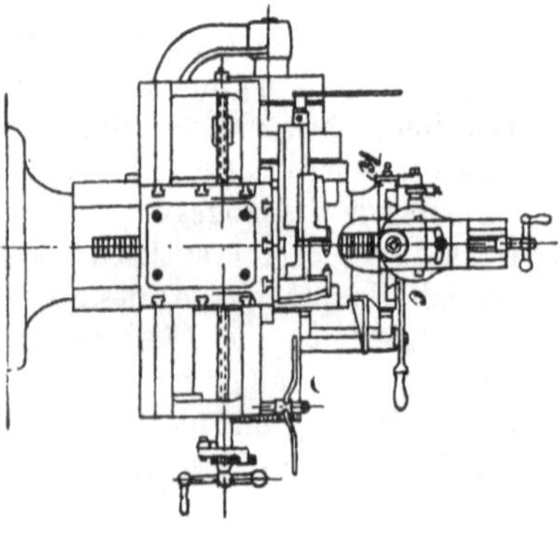

Abb. 35.

Der Stößel kann über dem Arbeitstisch liegen oder von unten her durch den unterbrochenen Tisch arbeiten, stets aber erfolgt der Arbeitsweg vertikal abwärts. Den allgemeinen Aufbau mit über dem Tisch liegendem Stößel zeigen Abb. 37 u. 38.

2. Die **Hauptteile** der Stoßmaschinen sind das Gestell aus Hohlguß, der Support, der Antrieb, die Steuerung und der Tisch.

a) Das **Gestell** dient zur

Abb. 34 a.

Lagerung der Antriebsvorrichtungen, derjenigen für die Ableitung des Vorschubes und zur Führung des Stößels.

Abb. 35 a.

Es bildet entweder mit dem den Tisch tragenden Bett ein Stück (Abb. 37, 38) oder wird bei schweren Maschinen auf die Grundplatte aufgeschraubt.

b) Der **Stößel** *s* (Abb. 37), an dessen unterem Ende das Stoßwerkzeug durch Spannschrauben befestigt wird, macht meist nur eine vertikale, hin- und hergehende Bewegung.

Abb. 36 a.

Beim Aufgang, dem Rücklauf, findet beschleunigte Bewegung statt. Um auch in schräger Richtung stoßen zu können und Keilnuten mit Anzug, schräge Flächen u. dgl. zu bearbeiten, wird das Gestell mit einer kräftigen Scheibe versehen, die in der Mitte einen Zapfen besitzt. Um diesen läßt sich die ebenfalls kreisförmig gestaltete Stößelführung drehen und durch in kreisförmigen Schlitzen der letzteren sitzende Schrauben in der geneigten Lage feststellen. Die mögliche Drehung beträgt etwa 45° nach jeder Seite und wird von Hand durch eine Schnecke ausgeführt, die, am Gestell gelagert, in den zum Teil als Schneckenrad ausgebildeten Umfang der Scheibe der Stößelführung angreift.

Nur in seltneren Fällen finden sich Stahlhalter, die beim Rückgange des Stößels ein Abheben des Stahls vom Werkstück gestatten.

Das Ansetzen des Stößels an das Werkstück erfolgt durch Handrad und Kegelräder vermittels einer Schraube, deren Mutter durch den Zapfen der die Antriebsbewegung auf den Stößel übertragenden Schubstange gebildet wird (Abb. 38).

c) Der **Antrieb** der Hauptbewegung geschieht durch Stufenscheiben, die meist auf der dem Stößel entgegengesetzten Seite des Gestells liegen (Abb. 37), jedoch finden sich auch Bauarten, bei denen der Antrieb seitlich vom Gestell liegt (Abb. 39, 40). Die Antriebswelle geht in diesem Fall quer durch das Gestell hindurch und trägt auf der anderen Seite ein Schwungrad, das im ersten Fall neben den Stufenscheiben sitzt (Abb. 41). Der Antrieb durch Stufenscheiben ist erforderlich, damit sich bei allen Hüben des Stößels dieselbe Schnittgeschwindigkeit ermöglichen läßt, während das Schwungrad zum Ausgleich der Massendrücke bei der Stoßarbeit dient, weil der Stößelschlitten und sein schweres Gestänge beschleunigt und verzögert werden müssen.

Das Gewicht des Stößels wird in den meisten Fällen ausgeglichen, obwohl vielen Stoßmaschinen derartige

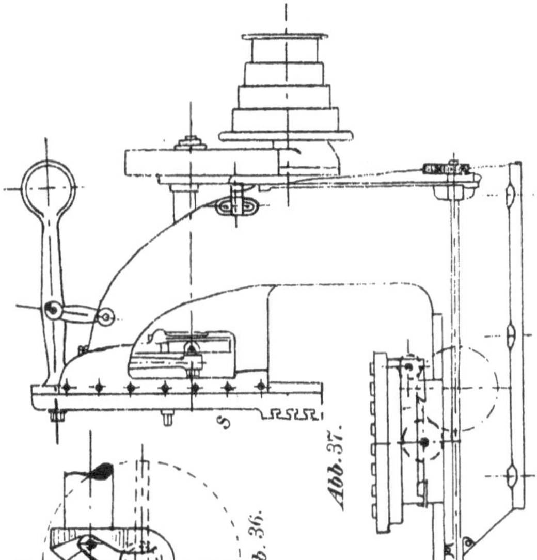

Abb. 37.

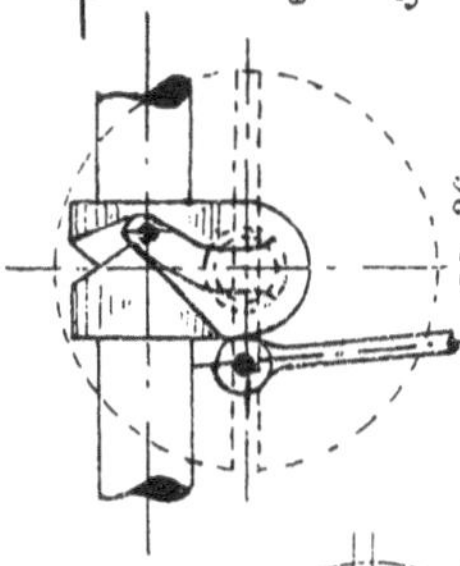

Abb. 36.

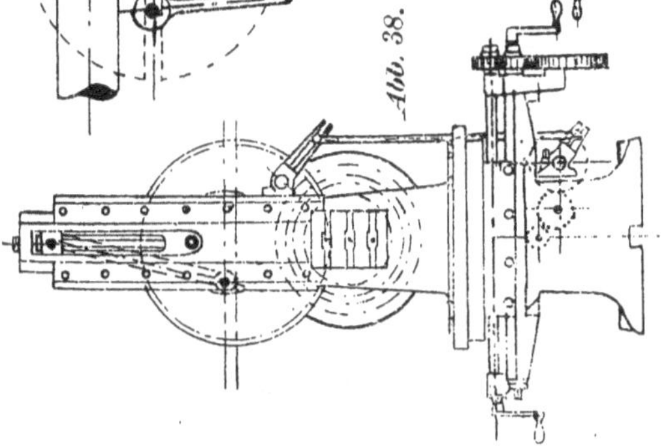

Abb. 38.

Einrichtungen fehlen. Zum Ausgleich dient entweder ein Balancegewichtshebel (Abb. 36 a, 37, 40, 46), der mit dem Stößel gelenkig verbunden und mittels eines Schwinghebels am Gestell gelagert ist, oder es wird ein Gegengewicht verwendet, das in dem hohlen Ständer hängt (Abb. 41) und dessen Tragseil an einem Auge am Stößel oder an der Mutter der Stellschraube des Stößels befestigt ist.

Von der Welle der Stufenscheibe wird durch zwei Stirnräder eine Übersetzung ins Langsame erzeugt (Abb. 40, 41), wobei, wenn die Antriebsscheiben seitlich liegen, die Welle des kleinen Stirnrades im Gestell ein Kegelrad trägt (Abb. 43, 44), das von einem solchen auf der Welle der Stufenscheiben seinen Antrieb erhält.

d) Die **Zwischenübertragung** auf den Stößel wird für kleinere Typen durch Kurbelmechanismen bewirkt, die beschleunigten Rücklauf besitzen, also durch schwingende Kurbelschleifen mit Kulissen (Abb. 45), Kurbelschwingen, Umlaufschleifen und Verbindungen derselben, wodurch sich die Rücklaufgeschwindigkeit nicht unwesentlich erhöhen läßt. Wegen des meist kurzen Hubes der Stoßmaschinen sind Kurbelscheiben sehr geeignet, die durch ein verstellbares Druckstück entlastet sein können. Allerdings sind Kulissenführungen mit dem Gleitstück, Kurbelzapfen und die verschiedenen Gelenkbolzen z. T. sehr ungünstigen, wechselnden Beanspruchungen ausgesetzt, die mit dem Stößelhub zunehmen.

Außerdem läßt sich beschleunigter Rücklauf auch durch Einbau elliptischer Räder (Abb. 43, 44) erzielen, sie kommen bei Stoßmaschinen, wenn auch seltener, zur Anwendung.

Sehr langhübige Maschinen für gleichmäßige und starke Schnitte, wie sie z. B. auf Werften vielfach verwendet werden, erhalten Schraubenantrieb mit nachstellbarer Mutter (Abb. 38, 39), bei dem sich ein schnellerer Rücklauf als mit den erwähnten Kurbelmechanismen durch besondere Umsteuerungen erreichen läßt.

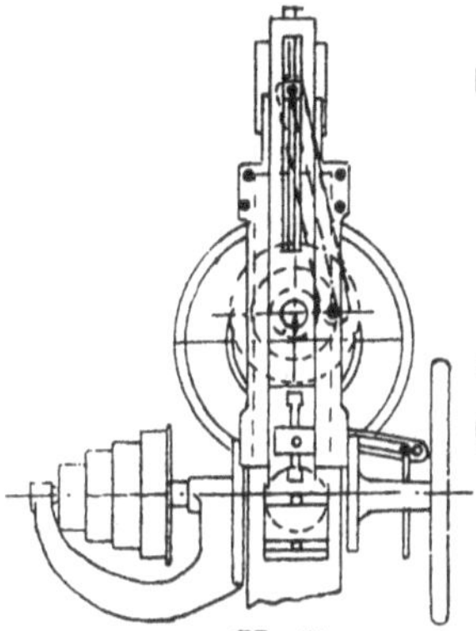

Abb. 39.

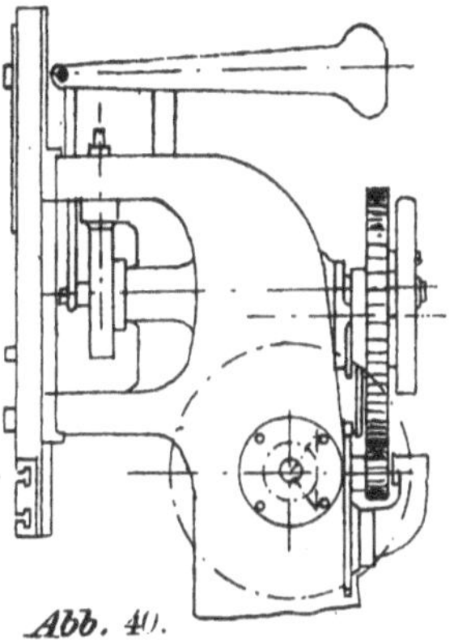

Abb. 40.

Abb. 43.

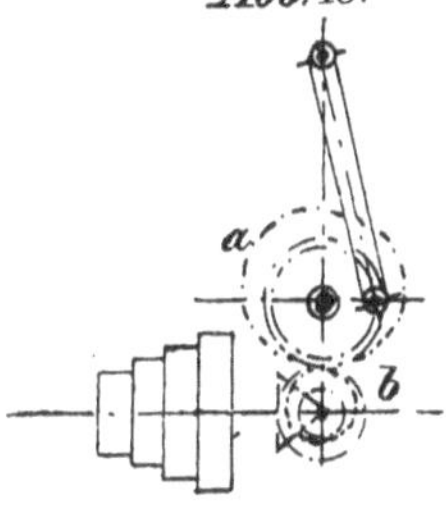

Abb. 44.

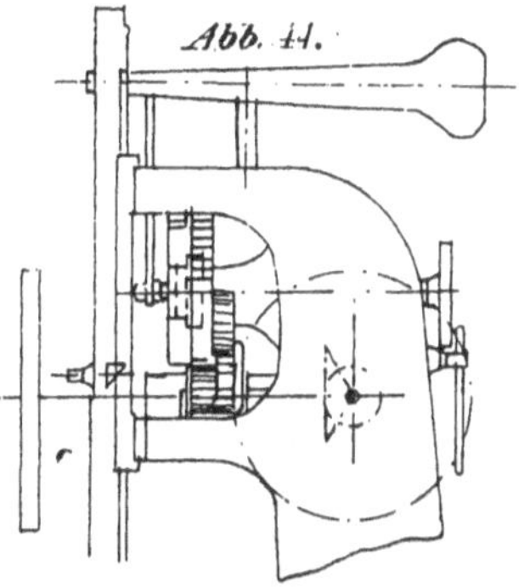

Derartige Maschinen werden mit Hüben von 500 bis 1000 mm gebaut, während Kurbelmechanismen kaum einen größeren Hub als etwa 500 mm gestatten.

α) Abb. 46, 47 zeigen den *Antrieb eines Stößels* durch eine Umlaufschleife. Hier besitzt das auf die Welle *w* gesetzte Rad *e* einen verstellbaren Zapfen *g*, der mittels eines Steines in den radialen Schlitz der Scheibe *h* eingreift. Mit der weiteren Entfernung des Zapfens *g* von der Achse der Welle *w* nimmt die Geschwindigkeit der letzteren ab, wächst aber, je näher *g* an *w* gelangt. Die geringere Geschwindigkeit ist bei dem Arbeitsweg des Stößels vorhanden.

Die Welle *w* überträgt die Bewegung auf eine gegen einen Flansch von *w* geschraubte Kurbelscheibe *k*. Der nach oben gerichtete Druck gegen die Kurbelscheibe mit nachstellbarem Zapfen *l* für die Hubänderung wird von einem über *k* angeordneten Lagersegment aufgenommen. Die an dem Zapfen der Kurbelscheibe *k* angreifende Schubstange *m* umfaßt den Stößel *o* mit der Stellschraube *p*, die von *q* aus nachstellbar ist.

β) Abb. 43, 44 zeigen einen *Antrieb durch elliptische Räder a* und *b*, der ohne weiteres verständlich ist. Elliptische Räder besitzen den Nachteil, daß ihre Zähne nicht leicht maschinell hergestellt werden können.

γ) Aus Abb. 45 ist der Antrieb durch *Kurbelschwinge* ersichtlich, deren oszillierende Bewegung ebenfalls durch Schubstange auf den Stößel übertragen wird.

δ) Der *Schraubenantrieb* einer Stoßmaschine (Abb. 51), für größere Ausführungen fast immer angewendet, zeigt in *n* die Arbeitsspindel für den Stößel, die durch Kegelräder vom Riemenwendegetriebe *r* aus bewegt wird. Zur Umsteuerung dient hier die Spindel *q*, ebenfalls durch Kegelräder vom Wendegetriebe bewegt und mit demselben Gewinde wie die Antriebsspindel *n*. Auf der Spindel *q* kann sich eine Mutter *m* verschieben, wobei diese gegen den Anschlag *s* einer Steuerstange *f* stößt, letztere verschiebt und dadurch die Umsteuerung des Wendegetriebes herbeiführt,

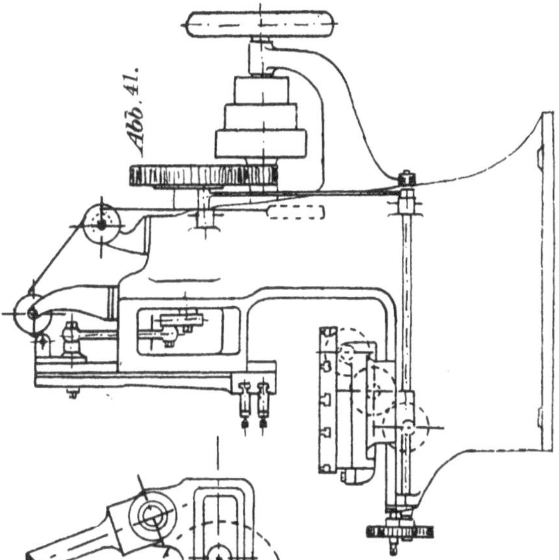

Abb. 41.

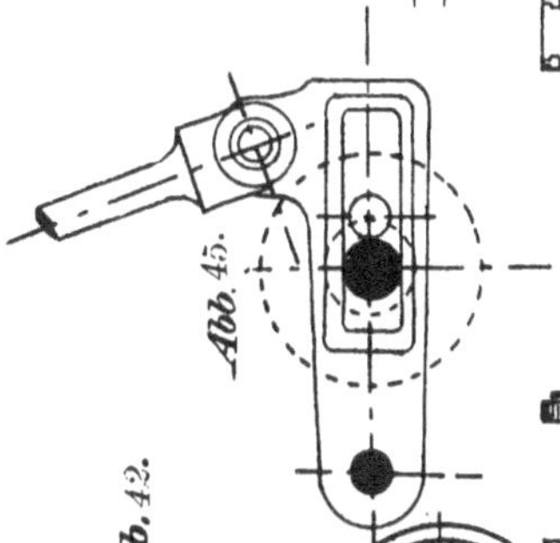

Abb. 45.

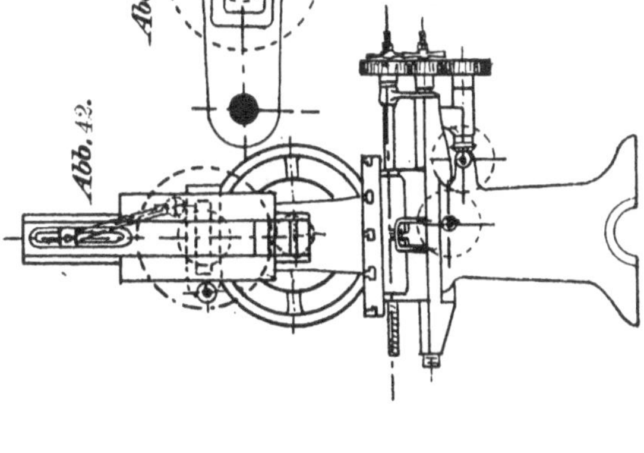

Abb. 42.

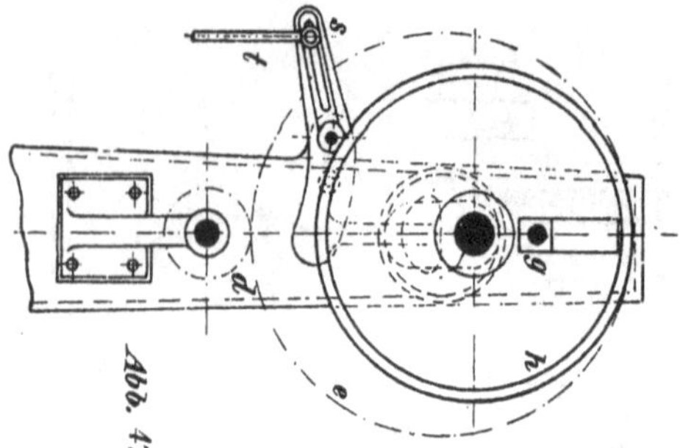

Abb. 47.

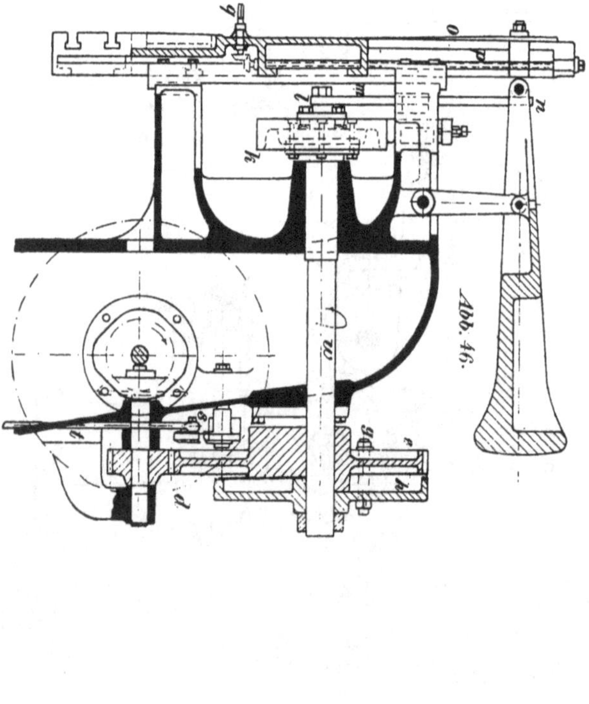

Abb. 46.

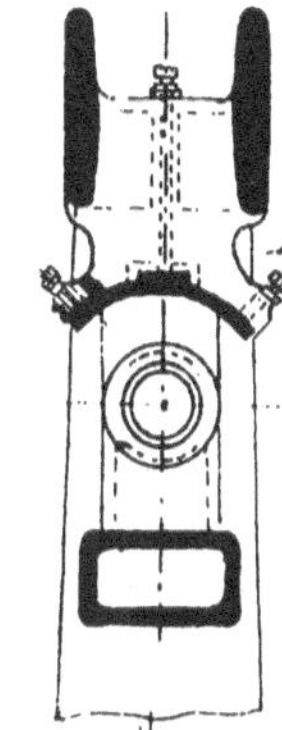

Abb. 48.

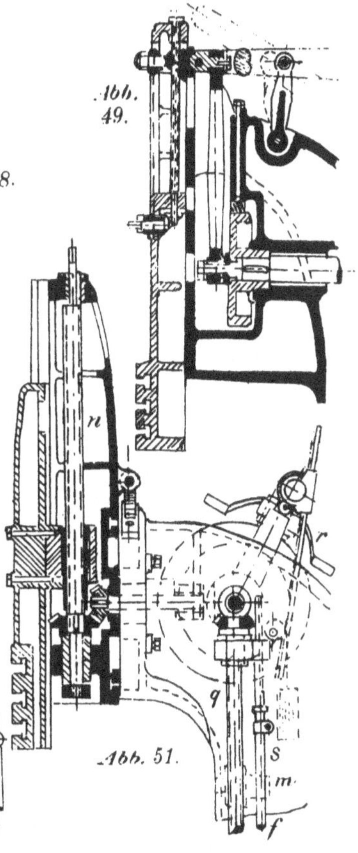

Abb. 49.

Abb. 51.

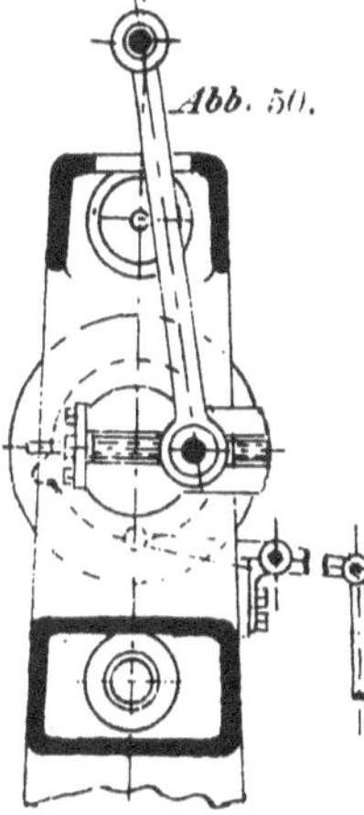

Abb. 50.

so daß der Hubwechsel des Stößels erfolgt. Von Hand kann die Umsteuerung durch Verschiebung von *f* mittels eines an *f* befindlichen Handgriffs erfolgen. Mittelstellung der Stange bewirkt Stillstand des Stößels, da die Riemen dann auf den losen Scheiben aufliegen.

Statt der Steuerstange *f* kann auch ein Winkelhebel verwendet werden, der durch Anschläge am Stößel gedreht wird und durch Gestänge und Schieber die Riemenverschiebung bewirkt.

Statt die Steuerknaggen am Stößel anzuordnen, werden sie auch auf einer in bequemer Höhe am Ständer befindlichen, langsam sich drehenden Scheibe verstellbar angebracht.

e) Der **Vorschub**, von der Antriebswelle des Stößels erzeugt, läßt sich ebenfalls auf verschiedene Weisen erzielen, und es können dazu Nutenscheiben, Nutenwalzen (Abb. 36, S. 1) und Kurbelscheiben verwendet werden.

In Abb. 46, 47 z. B. besitzt das Rad *e* eine Nute, und eine in dieser sich bewegende Rolle erzeugt die Schwingung des Hebels *s*, von dem aus durch eine Stange *t* ein am Ständer angeordnetes Schaltwerk bewegt wird, das die Welle *w* für den Selbstgang des Tisches in hin- und hergehende Drehung versetzt (Abb. 53).

f) Der **Tisch** der Stoßmaschinen (Abb. 52—54) besteht aus dem Längsschlitten, dem Querschlitten und dem Drehteil, der ganze Tisch ist schräg einstellbar. Die ersteren beiden werden durch Schraubenspindeln, der letztere durch Schnecke und Schneckenrad gedreht.

Den Antrieb der Selbstgänge des Tisches zeigen Abb. 52—54. Die Schaftwelle *w* treibt durch die Stirnräder z_1 z_2 z_3 den Längsschlitten, während der Querschlitten *q* durch die Kegelräder z_4, z_5, die Stirnräder z_6, z_7 und z_8 bewegt wird. Von dem letzteren Rade aus treibt das Stirnrad z_9 die

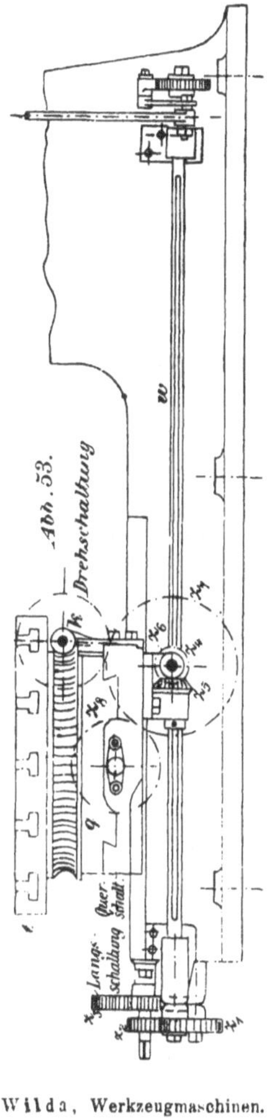

Abb. 53.

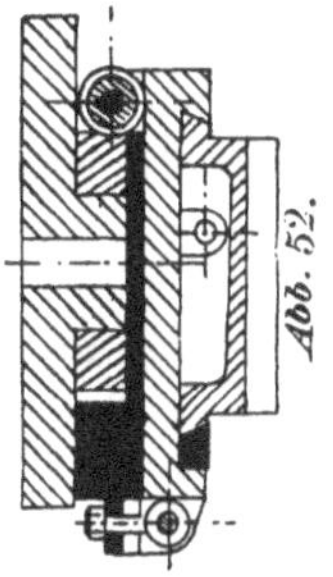
Abb. 52.

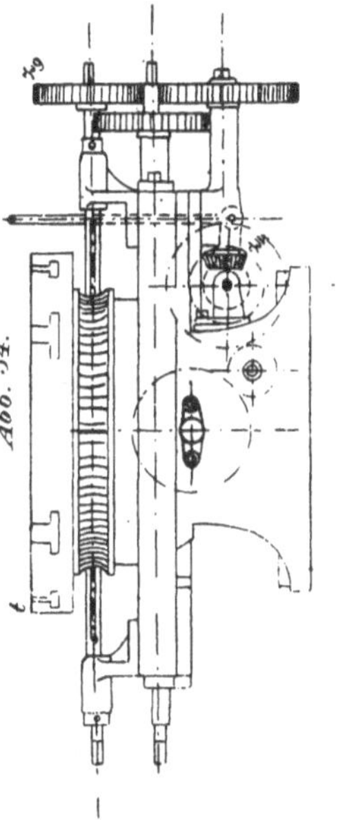
Abb. 54.

Schnecke des Drehtisches *t*. Bei Benutzung der einzelnen Selbstgänge werden die nicht benutzten durch Ausschaltung und Verriegelung der Zwischenräder außer Betrieb gesetzt.

g) Sehr schwere Stoßmaschinen für die Bearbeitung roher Schmiede- und Stahlgußstücke größter Abmessungen werden auch mit zwei am Untergestell befestigten Ständern gebaut, die oben durch ein schweres Querbett verbunden sind. Am Querbett ist durch Schaltspindeln verstellbar ein Querschlitten geführt, der die in lotrechter Richtung verstellbare, lange Stößelführung trägt, während der Stößel selbst wieder als kürzerer Schieber ausgeführt ist und durch zum Nachziehen geteilte Muttern bewegt wird und ausbalanciert ist. Derartige Maschinen sind bis 2,5 m Stößelhub gebaut.

3. Sonderkonstruktionen der Stoßmaschinen sind diejenigen für die Herstellung von Stirn- und Kegelrädern, vgl. Bd. II, S. 79 u. 82.

4. Überschläglicher Kraftbedarf von Senkrecht-Stoßmaschinen in PS:

Hub mm	Ausladung mm	Arbeitsbedarf mit Kulisse PS	Arbeitsbedarf mit Schraubenspindel PS
175	350	1,5	—
200	450	2	—
250	550	2,5—3	—
300	600	3	—
350	700	3	—
400	800	3,5	4
500	900	4	5
600	1000	5	6—7
700	1150	7	9
800	1300	8	10

IV. Die Maschinensägen.

1. Maschinensägen ersetzen in den letzten Jahren häufig viele Arbeiten, die früher der Stoßmaschine bei der Bearbeitung von gekröpften Kurbeln, Stangenköpfen usw. zufielen.

Je nachdem das Material bei der Bearbeitung durch die Säge **kalt** oder **warm** ist, unterscheidet man **Kalt-** und **Warmsägen.** Bandsägen heißen die Sägen, bei denen das Werkzeug ein in sich geschlossenes Band mit Sägezähnen darstellt, das mit Spannung selbstleitend über Rollen geführt wird; Kreissägen sind dünne am Umfang gezahnte Stahlscheiben.

Die Warmsägen sind ausschließlich Kreissägen und kommen hauptsächlich in Hütten- und Stahlwerken zur Verwendung.

2. Die sehr verschiedenartigen Ausführungen der **Kaltsägemaschinen** mit hin- und hergehender, durch einen Kurbeltrieb betätigter Metallsäge arbeiten mit ziehendem Schnitt, indem das Sägeblatt nach jeder Schneidbewegung so viel von der Schnittfläche gehoben wird, daß die Arbeitsstelle beim Rückgange des Sägeblattes von diesem nicht berührt wird.

3. Bandsägen (Abb. 55) können, wie erwähnt, in vielen Fällen die Stoßmaschine ersetzen, lassen sich aber auch zum Zerschneiden von Blechen, Winkeln usw. benutzen. Das Werkzeug ist ein durch Hartlöten geschlossenes, etwa 3 mm starkes Sägeband, das wie ein Riemen über zwei Scheiben gelegt ist, von denen meist die untere angetrieben wird. Um eine vergrößerte Ausladung zu erreichen, führt man das gespannte Sägeblatt häufig über eine dritte, seitlich gelegene Scheibe. Das durch den Arbeitstisch von oben nach unten sich bewegende Sägeblatt wird über (Abb.

4*

Abb. 58.

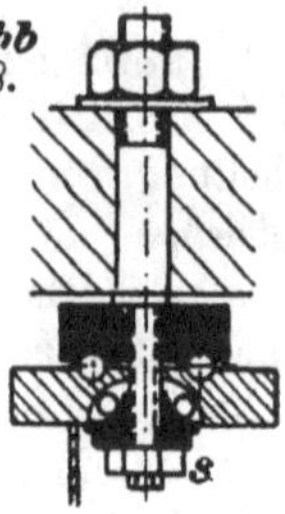

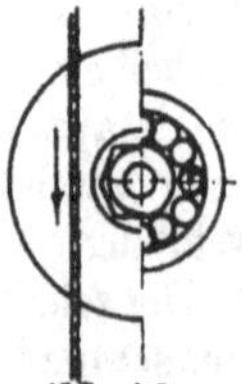

Abb. 59.

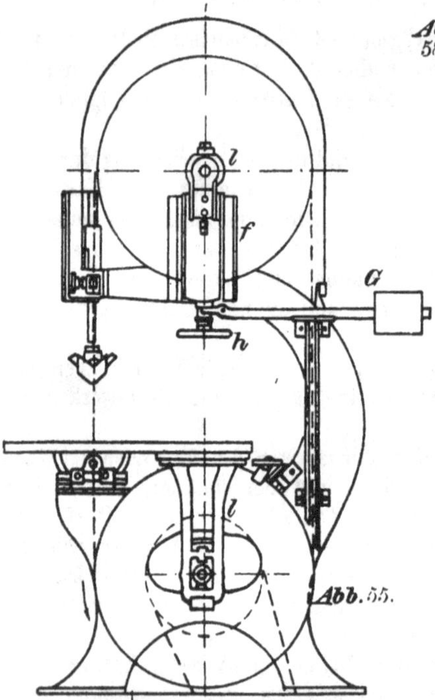

Abb. 55.

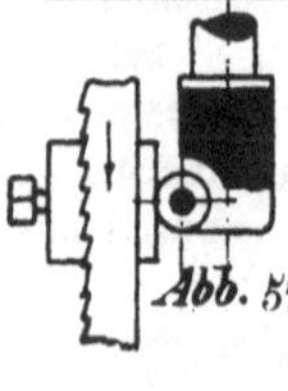

Abb. 57.

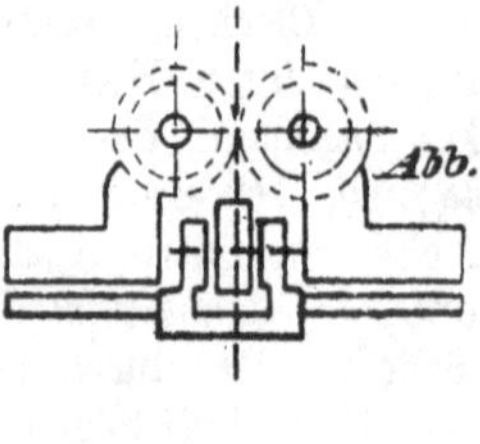

Abb. 56.

56, 57) und unter dem Tisch durch Rollen geführt, und das Anspannen des Sägeblattes erfolgt meist durch nachstellbare Lager *l*, wobei die selbsttätige Nachstellung des oberen, in einer Führung *f* verschiebbaren Lagers durch ein an einem doppelarmigen Hebel *h* angreifendes Spanngewicht erzielt werden kann. Die Einstellbarkeit des Sägeblattes kann dadurch erleichtert werden, daß man das obere verschiebbare Lager noch auf seiner Geradführung drehbar einrichtet und durch eine kräftige Feder nach oben ziehen läßt. Neben der Führung über und unter dem Arbeitstisch wird auch eine Rückenführung erforderlich, die vielfach dadurch erzielt wird, daß man (Abb. 58, 59) das Sägeband gegen eine auf Kugellagern gestützte Stahlscheibe laufen läßt, die durch den Druck des Sägebandes in Drehung versetzt wird.

Die Schnittgeschwindigkeit der bis 1,5 m großen Scheiben beträgt für Kaltschneiden 500—1000 mm sekundlich, der Vorschub etwa 0,125—0,25 mm sekundlich.

Häufig wird eine Änderung der Vorschubgeschwindigkeit durch Einbau von Stufenrädergetrieben erreicht.

Der Aufspannschlitten und das Sägeblatt werden auch verschiebbar angeordnet.

4. **Kreissägen** sind ungespannte, sich drehende, mit Sägezähnen versehene Scheiben, die mit hoher Umfangsgeschwindigkeit rotieren. Neben den gezahnten Scheiben kommen in Hüttenwerken auch zahnlose Scheiben zur Verwendung, die mit so hoher Umfangsgeschwindigkeit (bis 130 m sekundlich) rotieren, daß durch die auftretende Reibung das zu zersägende Material stark erhitzt und fortgeschleudert wird, sie bedürfen jedoch sehr großen Arbeitsaufwandes, wobei bis 2000 Umdrehungen minutlich erforderlich werden. Die Sägeblätter sind entweder in Hebeln oder Schlitten gelagert.

Bei allen Metallkreissägen muß der Vorschub eine Regelung gestatten, weil infolge der Größenänderung der zu durchschneidenden Querschnitte auch die Schnittgröße sich stark ändern würde. Die Vorschubregelung kann von Hand oder selbsttätig durch die Maschine erfolgen.

a) Für Handvorschub wird meist die Ausbildung als Pendelsäge (Abb. 60, 61) gewählt, wobei die Säge *s* am unteren Ende eines um eine Welle *w* drehbaren Rahmens *r* gelagert ist und durch Riemen *i* von der oberen Antriebswelle *w* aus angetrieben wird. Ein Handgriff *h* gestattet, den Vorschub nach dem Gefühl zu regeln.

b) Abb. 62 zeigt eine Kaltkreissäge der Rheinischen Metallwaren- und Maschinenfabrik, bei der die Welle des Sägeblattes in einem Schlitten *s* gelagert ist, der sich an einem wagerechten Arm *a* verschieben läßt. Die Verschiebung wird bewirkt durch eine am Arm gelagerte Schraube und ein Schaltwerk *k*, das sich am Kopf des Armes *a* befindet und von einer mit Längsnut versehenen, dem Antrieb des Sägeblattes dienenden Welle angetrieben wird. Die Verschiebung erfolgt dabei ruckweise. Der Arm kann um eine wagerechte Querachse schwingen, und deren Lager sind wieder um eine vertikale Achse drehbar, so daß sich auch schräge Schnitte ausführen lassen. Um die Säge nach jedem Schnitt wieder zu heben, wird die in Abb. 62 sichtbare Bogenführung häufig mit einem Zahnsegment versehen, in das ein im Arm gelagertes Zahnrad eingreift, dessen Drehung durch eine Handkurbel und eingeschaltete Schnecke erfolgt.

Durch eine Bremse läßt sich der Arm in der Schwebe halten. Der Tisch ist entweder eine einfache Aufspannplatte oder wird mit Querschlitten versehen.

Häufig ist die Sägeblattspindel an dem Kopfe eines wagerecht verschiebbaren Schlittens gelagert und um eine wagerechte, quer zur Welle liegende Achse drehbar, so daß das Sägeblatt eine beliebige Neigung zur Ebene der runden

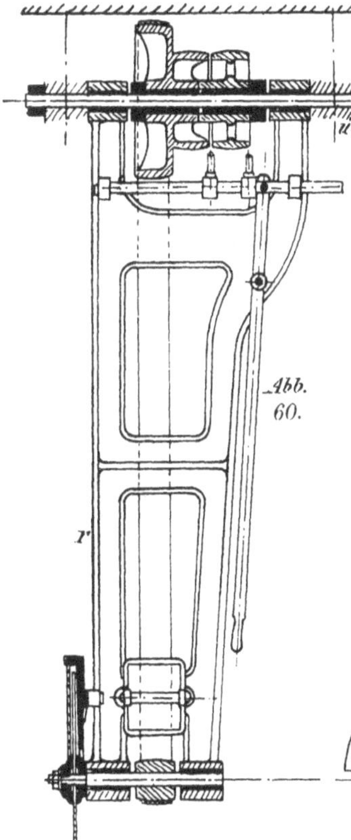

Abb. 60.

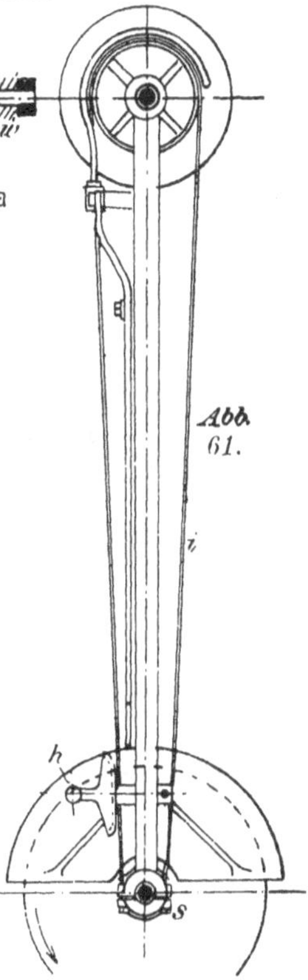

Abb. 61.

Aufspannplatte erhalten kann. Diese ist um eine vertikale Achse drehbar und wagerecht und lotrecht verstellbar.

Schlitten und Säge werden selbsttätig und sich dem Arbeitsdruck anpassend verschoben.

Abb. 63 zeigt eine Kaltsäge von Breuer, Schumacher

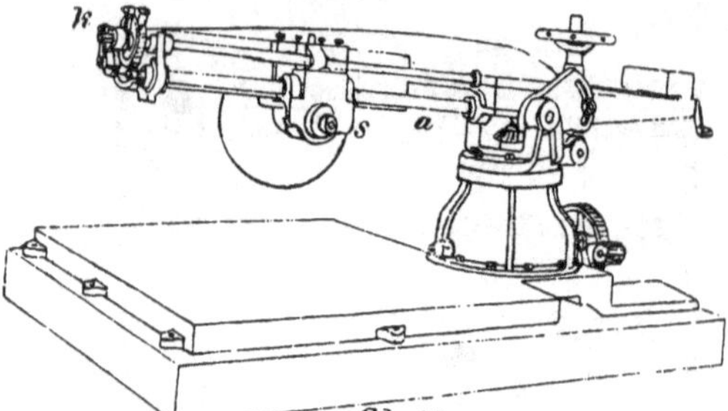

Abb. 62.

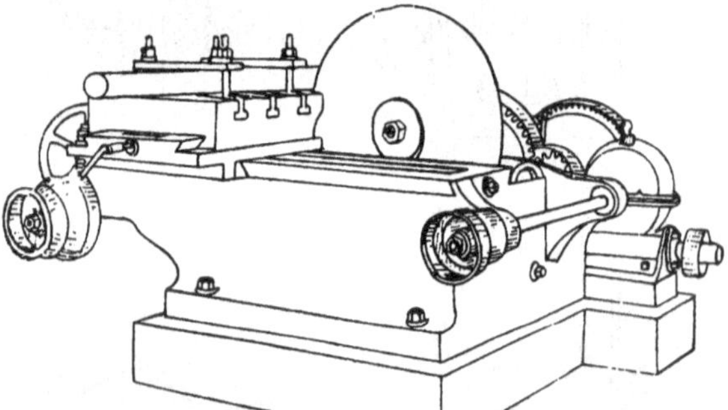

Abb 63.

& Co., bei der die Sägespindel feststeht und der Aufspanntisch selbsttätig beweglich ist.

Bei Kaltsägeblättern beträgt die Umfangsgeschwindigkeit bis zu 20 m minutlich für weichen Stahl, für Gußeisen 10—15 m.

Eine Kaltschlittensäge ist aus Abb. 64 ersichtlich.

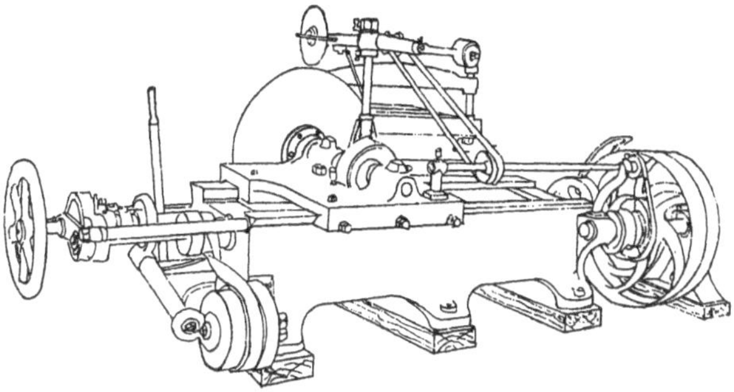

Abb. 64.

Die in einem verschiebbaren Tisch gelagerte Säge besitzt Selbstgang für die Längsverschiebung. Zugleich läßt sich der Antrieb der zum Schärfen der Sägezähne angeordneten Schleifscheibe deutlich ersehen.

Eine schwere Kaltsäge ähnlicher Konstruktion mit elektrischem Antrieb von Otto Froriep, Chemnitz, ist in Abb. 65 dargestellt.

5. Überschläglicher Kraftbedarf von Sägen:

Kalt-Kreissäge		Pendel- u. Heißeisen-sägen
Blatt ϕ mm	PS	PS
300	1—1,5	—
400	2—3	—
500	5	15—26
600	6	40—45
650	6	—
800	7,5—8	—
850	8	—
900	9—10	60—70
1000	10	—
1200	12—13	—
1250	12—14	—
1500	16—18	—

Abb. 65.

V. Scheren und Lochmaschinen.

1. Scheren.

a) Die hauptsächlich zum Zerteilen von Blechen dienenden Scheren arbeiten in der Weise, daß die möglichst nahe aneinander vorbeigehenden Scherblätter senkrecht auf die Oberfläche des Werkstücks wirken, das dadurch einem Abscherungsdruck ausgesetzt wird. Je nach der Verwendung unterscheidet man Blechscheren, Profileisenscheren und die in Hütten- und Stahlwerken verwendeten Platinen-, Knüppel-, Brammen-, Block-, Schwellenscheren usw.

b) Die **Gestalt der Scherblätter** ist entweder blatt- oder k eisförmig, letztere kommen für dünnere Bleche, bis etwa 5 mm Stärke, in Anwendung, Nach der Art des Antriebes unterscheidet man Hebel-, Exzenter-, Kurbelscheren und Kolbenscheren, wobei die antreibende Kraft Handbetrieb, Transmissionsbetrieb, Druckwasser oder Elektrizität sein kann.

Die maschinell angetriebenen Plattenscheren (Abb. 66) in einer Bauart von Otto Froriep, Chemnitz, werden mit langen oder kurzen Scherblättern ausgeführt, wobei das eine Scherblatt, meist das obere, in einem Schlitten beweglich ist, während das untere festsitzt. Um Schnitte von größerer Länge, als die Messerlänge beträgt, ausführen zu können, um Festklemmen beim Schneiden zu vermeiden und neben der abscherenden auch schneidende Wirkung zu erzielen, erhält das schneidende Blatt eine Neigung von etwa 8—10°, bei tiefster Stellung des schneidenden Scherblattes, dessen höchster Punkt nicht in das Werkstück eindringen darf.

c) **Kurbel- und Exzenterscheren** werden bei schneller aufeinanderfolgenden Schnitten, solche mit hydraulischem Antrieb für sehr schwere Schnitte verwendet.

Um Zeit für das Zuschieben des Werkstücks zu haben, muß der Antrieb nach Vollendung eines Schnittes ausgelöst werden, was von Hand oder selbsttätig geschehen kann.

Abb. 66.

Bei selbsttätiger Auslösung wird entweder ein Rad auf der Antriebswelle ausgekuppelt, wozu häufig ein flacher Rundkeil dient, durch dessen Drehung das Ein- und Auskuppeln erfolgt, auch Klauenkuppelungen dienen dazu, oder man verwendet bei Exzenterantrieb Druckstelzen (Abb. 66a) oder herausziehbare Schieber (Abb. 66b), die nur bei Ausführung des Schnittes durch zwischen ihr unteres Ende und das

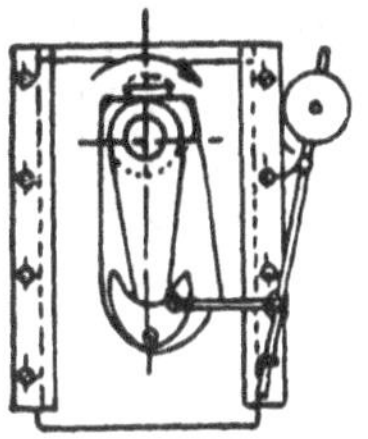

Abb. 66 a.

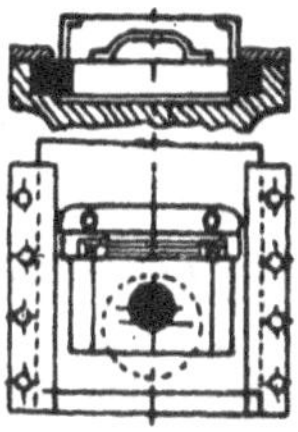

Abb. 66 b.

Scherblatt mittels Federkraft eingeschobene hammerähnliche Teile den Druck auf das Scherblatt übertragen.

Um Tafeln unbegrenzter Länge zu zerteilen, muß das Gestell innerhalb des schon ausgeführten Scherenschnittes Platz finden, d. h. das Gestell muß └┐-Gestalt erhalten (Abb. 67, 68, 69).

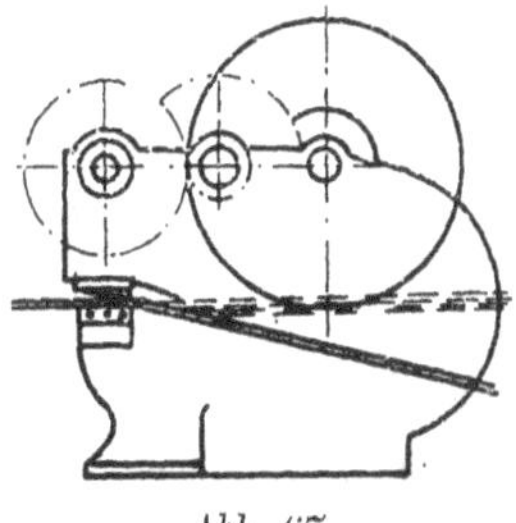

Abb. 67.

Abb. 68.

Abb. 69, 70 zeigen eine Schere von C. W. Hasenclever Söhne, die eine Einrichtung besitzt, um Metallstücke mit beiderseits rechtwinkligen Scherflächen zu erhalten. Bei gewöhnlichen Scheren fällt nur der eine Teil, der durch einen Niederhalter wagerecht gehalten wird, rechtwinklig aus. Das andere Ende wird zunächst durch das Obermesser in schräge Lage gedrückt und dann abgeschert. Um dies zu verbessern, ist eine

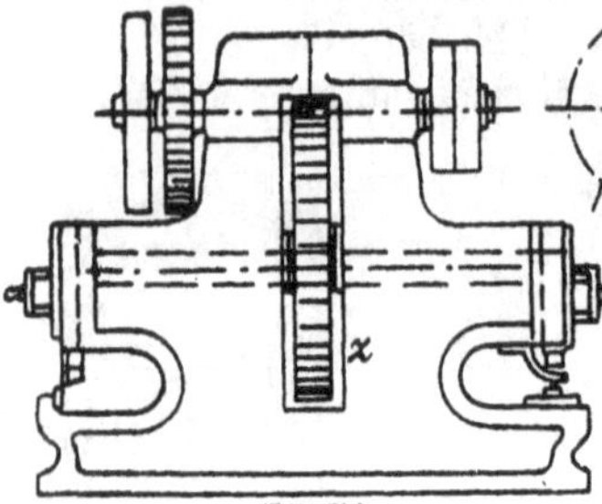

Abb. 76.

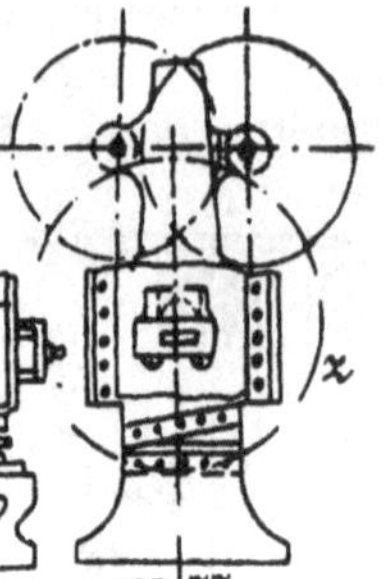

Abb. 77.

Abb. 69.

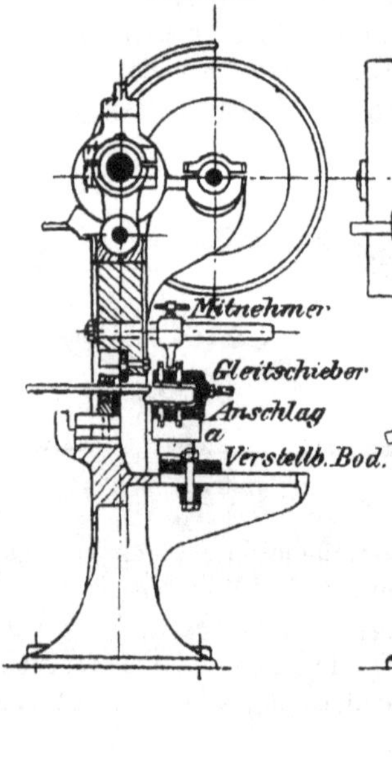

Abb. 70.

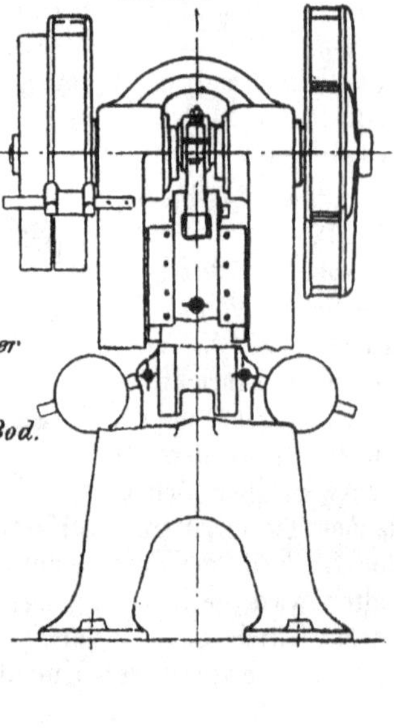

Anschlagvorrichtung *a* in einem verstellbaren Bock vorgesehen, der an einem am Ständer angegossenen Kniestück den abzuschneidenden Enden entsprechend verstellbar ist.

d) Abb. 71 stellt eine **Schere** zum Schneiden von **Profileisen** dar; das Scherblatt *b* wird durch einen Niederhalter *c* auf die Unterlage gepreßt. Der Antrieb erfolgt durch die Riemenscheibe *e* neben dem schweren Schwungrad *d*. Auf

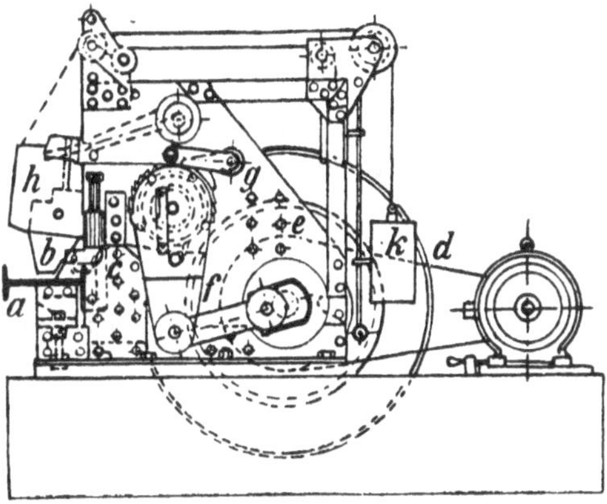

Abb. 71.

der anderen Seite des Gestells, das aus Blechen und Winkeleisen zusammengesetzt ist, dreht die Antriebswelle eine kleine Kurbel, durch die eine Schubstange *f* ihre Bewegung erhält, diese wird auf den Kurbelarm oder Schwinghebel *g* übertragen. Der Schwinghebel betätigt den Arm *h* des Scherblattes *b* durch ein Exzenter und ein Schaltwerk, das aber nur beim Niederdrücken des Hebels zur Tätigkeit gelangt. Dadurch wird der Arm *h* nach unten gedrückt und der abzuschneidende Querschnitt wird in 2—3 Sekunden zerschnitten. Das Scherblatt wirkt hierbei in einer Anzahl von ruckweise erfolgenden Schnitten. Nach vollendetem Schnitt wird der Arm *h* durch das Gewicht *k* selbsttätig gehoben. In der Maschine lassen sich Profileisen der verschiedensten Querschnitte zerschneiden.

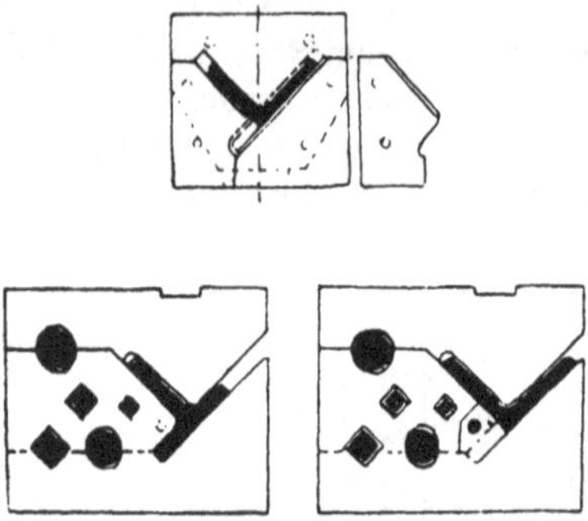

Abb. 72 a—c.

Die Messer für Profileisenscheren müssen ein möglichst gleichmäßiges Ansetzen an alle Stellen des Querschnitts gestatten. Die Abb. 72a—f stellen verschiedene Gestaltungen von Schermesserformen dar.

e) Als Ersatz der Zahnräderübersetzungen wird bei dieser Maschine, wie überhaupt in neuerer Zeit, vielfach der Schwinghebel von John (Abb. 73) verwendet.

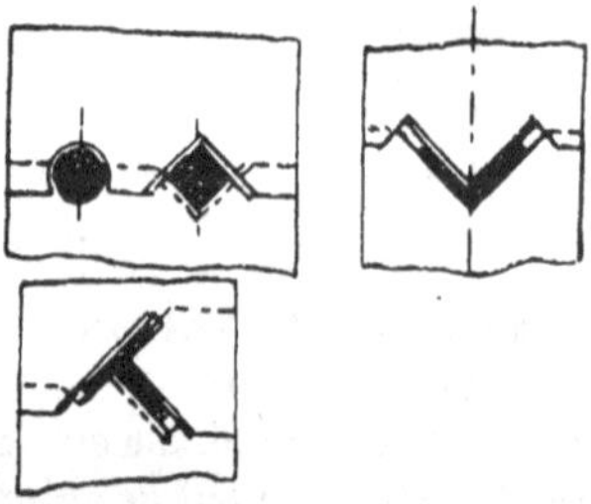

Abb. 72 d—f.

Die Exzenterwelle *w* trägt ein auf ihr befestigtes Sperrrad *r* und ein Schaltrad *s*, lose auf ihr sitzt ein Schwinghebel *h*, der das Schaltrad mit seiner Nabe umfaßt, so daß eine Druckstelze *g* am Hebelarm *h* in einer Ebene mit *r* liegt. Am freien Ende des Hebels *h* greift eine Schubstange *l* an, die eine Kurbel *k* auf der Welle der Riemenscheibe bewegt. Dreht sich die Kurbel, so erfolgt eine Verdrehung der Exzenterwelle, die am Rückdrehen durch das Sperrad *s* und die eingreifende Sperrklinke gehindert wird, so daß das Exzenter eine ruckweise wirkende Drehbewegung ausführt.

Hydraulische Scheren hat man mit vertikalem und horizontalem Zylinder ausgeführt, bei ersteren Anordnungen preßt der Kolben des Druckzylinders auf den Schlitten, bei letzteren werden mehrfach Druckrollen benutzt, die unter Einschaltung eines Gestänges auf schräge Flächen des Schlittens drücken.

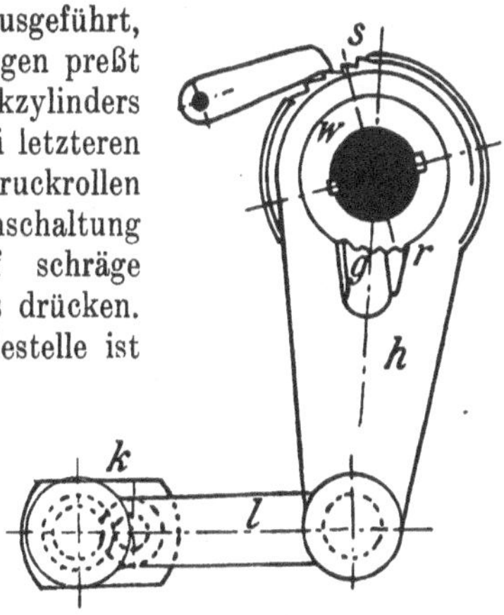

Abb. 73.

Die Form der Gestelle ist entweder geschlossen oder einseitig offen aus Gußeisen, Stahlguß oder Blechkonstruktion.

Üblich sind Schnittgeschwindigkeiten von etwa 15 bis 30 mm sekundlich, bei Zuschärfungswinkeln der Scherblätter von 75°—80°.

f) **Kreisscheren**, von Durchmessern bis zu 200 mm, dienen zur Herstellung von kreisförmigen und ringförmigen Schnitten; die Scherblätter werden dabei entweder in parallelen oder geneigten Ebenen angeordnet, der Übergriff der Scheiben beträgt ungefähr $^1/_8$ bis $^1/_{10}$ der zu schneidenden Blechstärke.

2. Lochmaschinen.

a) Für die Herstellung von Nietlöchern besitzen sie als Werkzeug (Abb. 74) einen Stempel *s* und einen nach unten etwas weiteren Lochring *l*. Der am Stößel *t* befestigte Stempel macht die auf- und abgehende Arbeitsbewegung. Der Lochring kann auf dem Arbeitstisch, vermittels eines Ringes, in dem er liegt, in bestimmte Lage gebracht werden. Beim Aufwärtsgehen des Stempels *s* wird das Werkstück auf dem Tisch durch den Abstreifer *a* niedergehalten. Da das Lochen prinzipiell mit der Scherarbeit zusammenfällt, und sich von ihr nur dadurch unterscheidet, daß das das Loch hervorrufende Scherblatt kreisrunde Gestalt hat und die erzeugte Lochfläche angenähert die Gestalt eines Kegelstumpfes besitzt, so fällt im allgemeinen die Konstruktion der Lochmaschinen (Abb. 75) mit derjenigen der Scheren zusammen.

Genau zylindrische Löcher von ganz bestimmten Abmessungen lassen sich auf der Lochmaschine nicht herstellen, sondern für diesen Zweck muß das gestanzte Loch aufgebohrt werden.

Lochmaschinen werden meist mit Scheren in einem Gestell gelagert, wobei die Schere entweder über der Lochmaschine liegt oder beide symmetrisch an den Gestellenden liegen (Abb. 76, 77, S. 62).

b) Der **Antrieb** erfolgt in Abb. 76, 77 von den Riemenscheiben aus durch Vorgelege und von diesen auf das im Gestell gelagerte Zahnrad *z*, dessen Welle die zur Bewegung der Schere oder des Lochstempels dienende Kreuzschleife, Kurbel oder Exzenter bewegt. Große Lochmaschinen wie Scheren werden auch direkt durch hydraulischen Druck betrieben.

Um genügend Zeit zu haben, das Werkstück nach erfolgter Lochung in die neue Lage zu bringen, werden

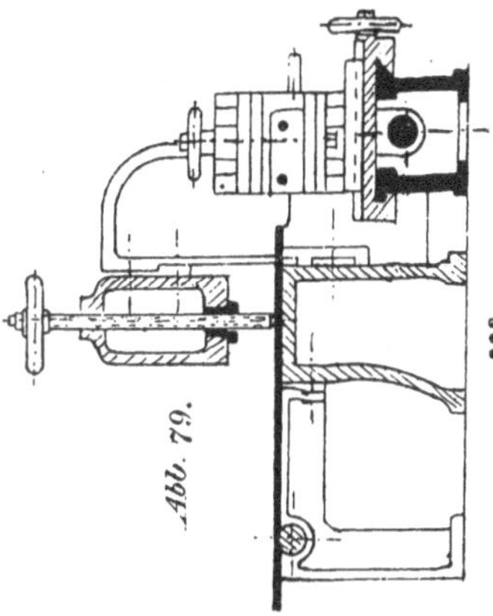
Abb. 79.

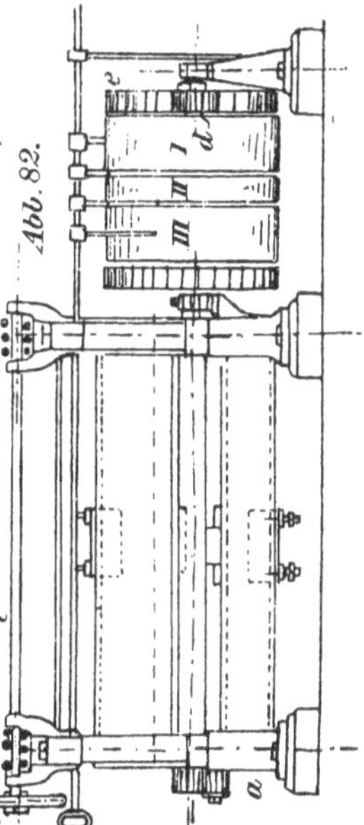
Abb. 82.

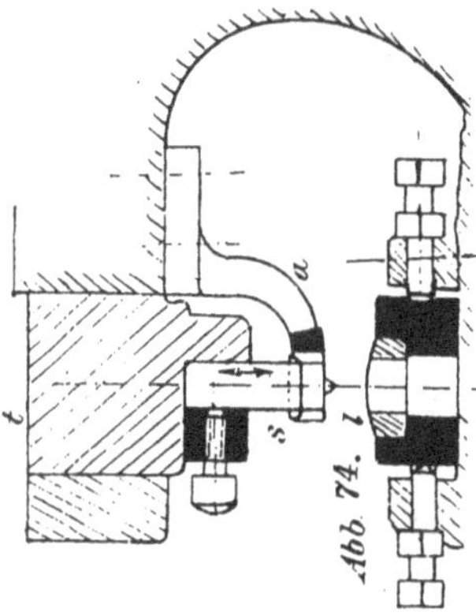
Abb. 74.

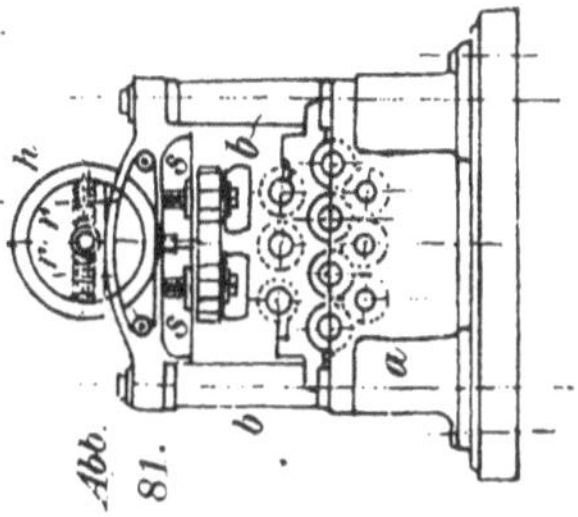
Abb. 81.

Abb. 75.

Abb. 78.

Druckstelzen oder ausziehbare Schieber vorgesehen, durch die sich der Antrieb nach jedem Schnitte plötzlich unterbrechen läßt. Eine kombinierte Schere und Lochstanze von Otto Froriep, Chemnitz, ist aus Abb. 78 ersichtlich.

Manchmal wird der Stößel in seiner höchsten Stellung durch Gegengewichte gehalten.

In neuerer Zeit werden vielfach Maschinen gebaut, die Blechschere, Profilschere und Lochmaschine in einem Gestell enthalten. Die Bauarten sind aber so mannigfaltig, daß auf die Spezialliteratur verwiesen werden muß.

3. **Überschläglicher Kraftbedarf** von Lochmaschinen und Scheren:

Lochmaschinen und Scheren			Kreisscheren		
Blechdicke mm	Loch Φ mm	PS	Blechdicke mm	Ausladung mm	PS
8	16	2	2	300	1,5
10	20	3	4	500	2,5
15	22	5	7	700	3,5
20	26	8			
25	30	12			
30	35	18			
40	40	25			

VI. Blechkantenhobelmaschinen.

Sie dienen (Abb. 79) zum Abhobeln, Abrichten und Abschrägen der Kanten von Blechen und Platten für Kessel, Eisenkonstruktionen usw.

Die Maschinen bestehen im allgemeinen aus einem langen Arbeitstisch für das Auflegen der Bleche, über dem sich ein Querträger zwischen zwei an den Tischenden angeordneten Wangen befindet. Die Bleche werden durch Schrauben in dem Längsträger festgespannt.

Längs dem Aufspanntisch ist zwischen den Wangen ein Bett angeordnet, auf dem der Supportschlitten mit dem Werkzeugträger durch eine Leitspindel mittels Riemenwendegetriebe mit einer losen und zwei festen Scheiben verschoben werden kann.

Die Stichelhäuser tragen vertikal verstellbare, einander zugewendete, die Haupt- und Schaltbewegung ausführende breite Hobelstähle, von denen der eine beim Hingang, der andere beim Rückgang schneidet.

Die Umsteuerung wird durch Anschläge von der Maschine selbst bewirkt. Der meist vertikale Vorschub des Stahls geschieht durch eine vertikale Schraube in jedem Support, die am oberen Ende je ein Schaltwerk tragen, und durch Anschläge am Querträger betätigt werden.

In der Regel ist ein Hebel mit Gewicht angeordnet, durch dessen Mittelstellung vermittels einer am Hebel angelenkten Stange der Riemen auf die Losscheibe gebracht werden kann. Statt der Preßschrauben finden sich auch Preßwasserzylinder angeordnet. Bei doppelten Blechkantenhobelmaschinen können zwei rechtwinklig zueinander stehende Blechkanten gleichzeitig bearbeitet werden.

VII. Blechrichtmaschinen.

Sie bezwecken, die oft windschief und verbeult angelieferten Bleche gerade zu richten. Ebenso wie bei den Blechbiegemaschinen kommen hier zwei gegenseitig versetzte Gruppen von Walzen zur Verwendung, zwischen denen das Blech durch Reibung hindurchgezogen wird. Den allgemeinen Aufbau zeigt Abb. 80.

In Abb. 81, 82, S. 67, besteht die obere Walzenreihe aus zwei oder drei, die untere aus drei oder vier Walzen, jede der unteren Walze wird dabei noch zur Vermeidung

Abb. 80.

von Durchbiegen durch eine besondere Walze gestützt. Die Oberwalzen haben sämtlich denselben Drehsinn, alle Unterwalzen entgegengesetzten.

Die Oberwalzen lassen sich in Schlittenlagern nachstellen, während die Unterwalzen fest gelagert sind.

In Abb. 81, 82 werden die Lagerrahmen *bb* für die Oberwalzen in den Ständern vertikal geführt und von zwei Stellschrauben *ss* getragen, von denen eine Rechts-, die andere Linksgewinde besitzt. Die Stellschrauben sind oben mit Schneckenrädern *rr* versehen und lassen sich durch das Handrad *h* auf der gemeinsamen Schneckenwelle *c* um denselben Betrag nachstellen. Angetrieben werden hier nur die vier Unterwalzen, indem auf einer Verlängerung der Unterwalzen zwei Zahnräder stecken. Auf der langen Nabenbüchse sitzt lose die Riemenscheibe *I*, während Scheibe *II* als Festscheibe des Wendegetriebes aufgekeilt ist. Scheibe *III* aber sitzt lose auf der erwähnten Verlängerung der Walze. Von der Festscheibe *II* wird die Bewegung durch die Räder *d*, *e* des Vorgeleges und über die verlängerte Unterwalze nach der gegenüberliegenden Maschinenseite übertragen.

Dort erfolgt dann die weitere Übertragung über drei Zwischenzahnräder auf die übrigen drei Unterwalzen, wobei die Zwischenräde· nur der Erreichung des gleichen Drehsinnes der Unterwalzen dienen. Das Umsteuern und Abstellen der Maschine erfolgt durch Riemenverschiebung. Für das Richten von Profileisen werden die Walzen durch Richtrollen ersetzt, die der Form des Profils entsprechend gestaltet sind. Richtpressen, bei denen ein Preßstück die nach oben gelegten Buckel des auf zwei Rollen gelagerten Profileisens zurückdrückt, dienen vorwiegend für schwerere Profile.

VIII. Blechbiegemaschinen.

Blechbiegemaschinen (Abb. 83) haben den Zweck, Kesselbleche in Kreisform zu biegen.

Bei den Walzenbiegemaschinen mit zwei oder drei Walzen haben zwei der Walzen die Aufgabe, das zu biegende Blech vorzuschieben, während die übrigen durch einen stetigen Druck das Biegen zu bewerkstelligen haben. Die Walzen sind in zwei kräftigen Ständern gelagert. Für dünne Bleche sind meist übereinanderliegende Vorschubwalzen vorgesehen, die durch außerhalb der Ständer liegende Getriebe gedreht werden, und hinter ihnen durch Reibung mitgenommene, etwas stärkere Druck- oder Biegewalzen. Der Krümmungsradius des Blechs hängt hierbei immer von der Größe des Drucks ab, und für seine Änderung ist die Biegewalze durch eine Stellschraube verschiebbar. Je höher sie gestellt wird, desto größer wird der ausgeübte Druck und desto kleiner wird der Krümmungsradius.

Diese Maschinen werden auch oft so eingerichtet, daß die Biegewalze zum Biegen kegelförmiger Bleche schräg zu den beiden anderen Walzen verstellbar ist. Sollen Bleche zu vollständigen Zylindern oder Kegeln gebogen werden, so ist noch die weitere Einrichtung getroffen, daß die obere Walze, die auf einer Seite in Kugelzapfen läuft, durch eine vertikale Schraubenspindel, die an einer Verlängerung der Oberwalze angreift, ausgehoben oder das eine Lager von ihr seitlich abgezogen worden kann, um das Herunternehmen des gebogenen Blechs von der Walze zu ermöglichen. Meist werden die drei Walzen so angeordnet, daß die beiden Vorschubwalzen in gleicher Höhe und in der Mitte darüber die verstellbare Druckwalze gelagert ist.

Für besonders starke Bleche werden die Maschinen auch

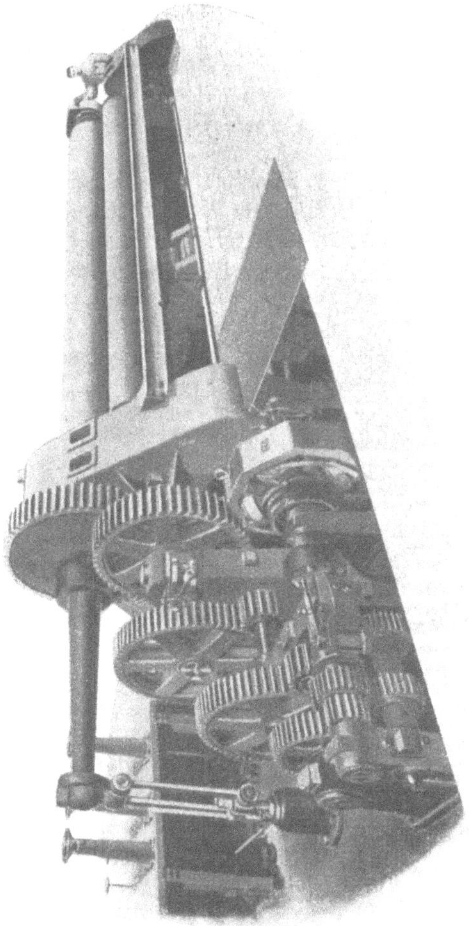

Abb. 83.

mit vier Walzen gebaut, von denen zwei dem Vorschub, zwei dem Biegen dienen.

Zur Vermeidung zu großer Walzendurchmesser werden die Walzen auch auf je zwei Stützrollen gelagert, wobei diejenigen der Oberwalze an einem Längsträger über ihnen angeordnet sind.

Die unteren Vorschubwalzen sind in verstellbaren Lagern angeordnet und werden durch ein Wendegetriebe unter Einschaltung von Zahnradvorgelegen nach beiden Drehrichtungen gedreht. Ist das Blech beinahe durchgezogen, so wird die Maschine umgesteuert und die Unterwalzen werden nachgestellt, bis bei wiederholtem Durchgang des Blechs die erforderliche Biegung erreicht ist; auch Bauarten mit nachstellbarer Oberwalze sind vorhanden.

Die Unterwalzen werden bei kleineren Blechbiegemaschinen angetrieben.

Der Antrieb erfolgt bei kleinen Maschinen durch Kurbeln oder Handräder, bei größeren Maschinen durch offenen und gekreuzten Riemen.

Außer den Walzenbiegemaschinen werden auch hydraulisch betriebene Biegemaschinen mit zwei vertikalen Preßbacken ausgeführt, von denen die eine konvexe ein fester Seitenteil des durch ein oberes aufklappbares Querstück verbundenen festen Rahmens ist. Die zweite vertikale konkave Backe kann durch ein vertikal verschiebbares, innerhalb des Rahmens liegendes Preßstück gegen die feste gepreßt werden, so daß eine Krümmung des zwischen die Backen gebrachten Bleches eintritt, und bei Drehung der Blechplatte diese allmählich zu Kreisform gebogen wird, worauf sie nach Aufklappen des oberen Querstücks herausgezogen werden kann. Die Bewegung des Preßstücks, das Zurückziehen der Preßbacke und das Aufklappen des oberen Querstücks geschieht durch Preßwasser.

Flanschbiegemaschinen für die Herstellung von Flanschen an Kesselschüssen erzeugen den Flansch an den sich drehenden Kesselschuß durch Biegerollen. Sie werden in den verschiedensten Formen gebaut.

Zweiter Abschnitt.

Antrieb, Kraftbedarf und Arbeitswiderstand für Werkzeugmaschinen.

I. Antrieb der Werkzeugmaschinen.

1. **Der mechanische Antrieb** erfolgt vorwiegend durch Riemen und Scheiben. Die Energieverluste, die bei ausgedehnten Transmissionsanlagen nicht zu vermeiden sind, haben, seitdem es gelungen ist, zweckmäßige Elektromotoren zu bauen, dazu geführt, daß elektrischer Antrieb mehr und mehr zur Einführung gelangt; jedoch würde es unwirtschaftlich sein, jede Werkzeugmaschine durch einen besonderen Elektromotor anzutreiben, so daß es für bestimmte Gruppen von Werkzeugmaschinen oft zweckmäßig ist, die Antriebswelle einer solchen Gruppe elektrisch, die einzelnen Maschinen aber von dieser Welle durch Riementransmission zu betreiben (Gruppenantrieb).

Maschinen, die in einer Gruppe angetrieben werden sollen, dürfen in ihren Drehzahlen nicht allzu stark voneinander abweichen, und sollten eine möglichst gleichbleibende Energiemenge beanspruchen, um den antreibenden Motor möglichst gleichmäßig zu belasten, was auch bei Überlastung einzelner Maschinen einer Gruppe meist dadurch zu erreichen ist, daß dann einzelne Maschinen der Gruppe leer laufen. Maschinen, die bis 5 PS zum Antrieb bedürfen, werden häufig gruppenweise angetrieben, und sind dann zweckmäßig in einer Reihe und möglichst nahe aneinander anzuordnen, um nur eine Welle zu benötigen, wobei die einzelnen Gruppen tunlichst nach dem Arbeitsgange gebildet und aufgestellt werden, soweit das möglich ist.

Bei allen Maschinen dagegen, die mit häufigen oder längeren Betriebspausen arbeiten, deren Drehrichtung häufig wechselt, die weitgehender Geschwindigkeitsregelung bedürfen, bei solchen mit sehr verschiedenen Leistungen und Drehzahlen und solchen, die großer Antriebsleistungen bedürfen, ist Einzelantrieb geeigneter, auch bei Sondermaschinen, deren besonderen Eigenschaften der Motor angepaßt werden kann, wie z. B. bei Bohr- und Schleifmaschinen mit hohen Umdrehungszahlen.

Wenn auch ein einzelner größerer Motor unter sonst gleichen Bedingungen wirtschaftlicher arbeitet, als mehrere kleinere Motoren, so sind jetzt Motoren erhältlich, die, wie der Gleichstrom-Nebenschlußmotor, auch bei kleineren Drehzahlen einen günstigen Wirkungsgrad bei kleinen Typen besitzen, und die wirtschaftlichen Einzelantrieb zulassen.

Für **mechanischen Antrieb** läßt sich, wenn D cm der Durchmesser, B cm. die Breite der Hauptantriebsscheibe zum Vorgelege der Maschine, ihre Drehzahl n/min bedeutet, für die erforderliche Leistung:

$$N = \frac{D.\,B.\,n}{30\,000}\ \mathrm{PS}$$

setzen.

2. Für **elektrischen Antrieb** kann der Gleichstrom-Nebenschlußmotor, als Wendepol-Stufenmotor gebaut, dessen Regelung sich dem mechanischen Geschwindigkeitswechsel anpassen läßt, als allen Anforderungen entsprechend bezeichnet werden, während Umkehrmotoren für umzusteuernde Maschinen (Hobel- und Stoßmaschinen) den zu

stellenden Antriebsbedingungen genügen, weil ihre Drehzahl in der Nähe des Hubendes allmählich vermindert werden kann, wodurch Stöße in den Getrieben gedämpft werden.

II. Kraftbedarf für Werkzeugmaschinen.

Die zum Antriebe einer Maschine erforderliche Arbeitsgröße kann entweder unmittelbar gemessen werden, was bei elektrischem Antrieb leicht ausführbar ist, oder mit Berücksichtigung aller auftretenden Verluste aus den Arbeitswiderständen und der Arbeitsgeschwindigkeit berechnet werden.

Bei der Umwälzung, die durch die allgemeine Einführung des Schnellstahls im Bau der Werkzeugmaschinen herbeigeführt wurde, und besonders durch die vielfach ganz neuartigen Ausführungen, sind die Angaben, die sich bisher in der technischen Literatur fanden, ziemlich wertlos geworden, da außer der Festigkeit der Baustoffe auch die der Werkzeuge, die Schnittgeschwindigkeiten und Vorschübe sich z. T. sehr wesentlich geändert haben.

Bezeichnet N_1 PS die Nutzarbeit, N_0 PS die Leergangsarbeit einer Werkzeugmaschine, so ist die im ganzen erforderliche Leistung:

$$N = N_1 + N_0 \text{ PS.}$$

Für die Ermittlung der Gesamtleistung sind in der folgenden Zusammenstellung eine Anzahl einfacher Formeln gegeben, die mit genügender praktischer Genauigkeit die erforderliche Leistung ermitteln lassen.

Für in Gruppenantrieb arbeitende Maschinen genügt es, von der Summe ihrer Einzelleistungen 60 bis 70 % zu berücksichtigen, während die Werte für Maschinen mit Einzelantrieb voll einzusetzen sind.

Überschläglicher Kraftbedarf von Werkzeugmaschinen in PS:

Art der Maschinen	Bezeichnung	Erforderliche Antriebsleistung in PS
Blechrichtmaschinen	Blechdicke: δ mm	$N = 6 \cdot 1{,}5^{0{,}2\delta - 1}$ bis $\delta = 25$ mm $N = 6 \cdot 1{,}55^{0{,}2\delta - 1}$ für $\delta = 25$ mm u. mehr.
Lochmaschinen und Scheren	Lochdurchmesser: d mm Blechdicke: δ mm	$N = \frac{d\,\delta}{63}$
Kreisscheren	Blechdicke: δ mm	$N = 0{,}4\delta + 0{,}7$
Blechkantenhobelmaschinen	Hobellänge: L mm Spanhöhe: H mm	$N = \frac{H + L}{600}$
Senkrecht-Stoßmaschinen	Hub: H mm	$N = \frac{H}{100}$ mit Kulissen $N = 0{,}015\,H - 2$ mit Schraubenspindel.
Schnellhobler	Hub: H mm	$N = 0{,}0094\,H - 0{,}4$
Spitzendrehbänke	Spitzenhöhe: S mm	$S \leq 350$ mm / $S > 350$ mm leichte: $N = 0{,}019\,S - 2{,}3$ / $N = 0{,}28\sqrt{S}$ mittlere: $N = 0{,}0315\,S - 3{,}65$ / $N = 0{,}42\sqrt{S}$
Revolverdrehbänke und Einspindel-Automaten	Materialdurchlaß: d mm	leichte: $N = \frac{d}{16}$ bis $d = 50$ mm schwere: $N = \frac{d}{16} + 2$ über $d = 50$ mm
Vierspindel-Automaten	Materialdurchlaß: d mm	$N = 0{,}1d + 0{,}5$
Plandrehbänke mit liegender Spindel	Drehdurchmesser: D mm	$N = \frac{D}{500}$
Walzendrehbänke	Walzendurchmesser: D mm	$N = \sim \frac{D}{80}$
Radsatzdrehbänke	Größter Raddurchmesser: D mm	$N = \sim \frac{D}{150} + 5$
Senkrecht-Dreh- und -Bohrwerke	Drehdurchmesser: D mm	$N = \sim \frac{D}{150}$

Bohrmaschinen	Bohrerdurchm.: d mm Spindelanzahl: n	$N = \sim n \cdot \frac{d}{13}$, gewöhnliche $N = \sim n \cdot \frac{d}{5}$, Höchstleistung
Wagerecht-Bohrmaschinen	Bohrspindeldurchm: d mm	$N = \sim 0{,}7d - 1{,}5$
Radial-Bohrmaschinen	Bohrerdurchm.: d mm	$N = \sim 0{,}124d - 5$ bis $d = 75$ mm $N = \sim 0{,}154d - 4{,}25$ für $d > 75$ mm
Zylinder-Bohrmaschinen	Bohrstangendm.: d mm	$N = \sim 5 \cdot 1{,}21^{0{,}02d - 3}$
Wagerecht-Bohr- und -Fräsmaschinen mit am Ständer verschiebbarem Bohrschlitten	Bohrspindeldurchm.: d mm	$N = \sim 0{,}08d - 0{,}5$
Einfache und Universal-Fräsmaschinen	Tischfläche: F qm	$N = \sim 10$ bis $11\,F$, leichte, $N = \sim 25$ bis $30\,F$, schwere,
Räder-Fräsmaschinen	Modul $\frac{\text{Teilung mm}}{\pi} = m$	bis $N = \sim 0{,}28\,m + 0{,}5$
Senkrecht-Fräsmaschinen	Tischfläche: F qm Durchm. d. Rundtisches: D mm	$N = \sim 10\,F$ bis $15\,F$ $N = \sim \frac{D}{96}$,
Kalt-Kreissägen	Sägeblattdurchm.: D mm	$N = \sim \frac{D}{100}$,
Pendel- u. Heißeisensägen	Sägeblattdurchm.: D mm	$N = \sim \frac{D}{23}$,
Rundschleifmaschinen	Scheibendurchm.: D mm	$N = \frac{D}{30}$ bis $\frac{D}{50}$, $\sim 0{,}25$ PS für 1 cm Scheibendurchmesser,
Flächen-Schleifmaschinen	Scheibendurchm.: D mm	$N = 0{,}0267\,D - 2{,}4$, Flachscheiben, $N = 0{,}075\,D - 10$, Topfscheiben,
Werkzeug-Schleifmaschinen		$N = 0{,}5$ bis 2, Spiralbohrer- und Universal-Werkzeug-Schleifmaschinen $N = 1{,}5$ bis $2{,}5$, Naß-Schleifmaschinen für Drehstühle

III. Arbeitswiderstand, Schnittdruck.

Der **Kraftbedarf** der Werkzeugmaschinen setzt sich aus dem Schnittwiderstand des Materials und dem Wirkungsgrad der Maschine zusammen.

a) Drehbänke, Hobel-, Stoßmaschinen. Der Querschnitt f qmm des entstehenden Spans ergibt sich aus dem Produkt der Spantiefe t mm und der Schaltung s mm, so daß bei einer Schnittgeschwindigkeit v m/min die für das Zerspanen erforderliche Leistung L betragen würde:

$$L = k \,.\, s \,.\, t \,.\, v \text{ mkg/min,}$$

worin k, der spezifische Schnittdruck für 1 qmm Spanquerschnitt, eine aus Versuchen zu ermittelnde Konstante bedeutet, die wieder von der Spanstärke t und der Schaltung s abhängt.

Als Werte von k können angenommen werden für:

	Grauguß weich	Grauguß hart	Flußeisen, weicher Maschinenstahl	Mittelharter u. harter Maschinenstahl	Bronze
$k =$	60—90	90—130	100—150	150—240	60—100

vgl. auch Bd. I.

Nach Versuchen von Taylor muß ein der Schnittrichtung paralleler Widerstand, der annähernd dem gesamten Schnittwiderstand W, bei b mm Spanbreite

$$W = k\,t\,b$$

gleich ist, von einer Kraft P überwunden werden, deren Größe bestimmt ist für:

	Weiches Gußeisen	Hartes Gußeisen	Mittelharter Stahl
P kg	$88\, s^{3/4}\, t^{14/15}$	$138\, s^{3/4}\, t^{14/15}$	$200\, s^{14/15}\, t$

b) Arbeitswiderstand beim Fräsen. Bezeichnet (Abb. 84) d mm den Fräserdurchmesser, z seine Zähnezahl, n/min seine Umlaufzahl, v m/min die Schnitt- oder Umfangsgeschwindigkeit, s mm/min die Schaltung, t mm die Spanstärke, b mm die Spanbreite, δ mm die Schichtdicke, so läßt sich der Schnittwiderstand W für einen Fräserzahn an der Stelle der größten Spanstärke ausdrücken durch:

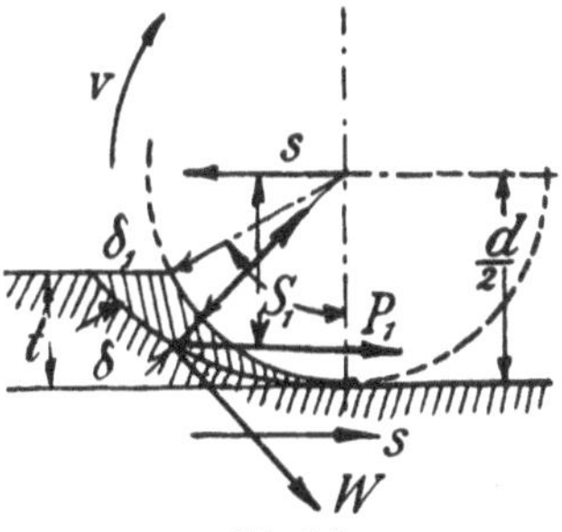

Abb. 84.

$$W = \frac{k\, b\, s \sin \varphi_1}{n \cdot z \cdot 1000} = k \cdot \frac{2\pi\, b\, s}{v \cdot z} \sqrt{td - t^2} \text{ kg}.$$

Der auf die Fräserwelle biegend wirkende Druck ist:

wenn nur ein Zahn arbeitet:

$$P_1 = \frac{8{,}85\, b\, s\, k}{1000\, z\, .\, v} \sqrt{td - t^2} \text{ kg}$$

wenn, wie bei Spiralzähnen, mehrere Zähne arbeiten:

$$P = \frac{1{,}4\, b\, s\, t\, k}{1000\, .\, v} \text{ kg}$$

Der vom Schaltantrieb zu überwindende Widerstand beträgt:

$$S_1 = \frac{2\pi\, b\, s\, k}{10\,000 \cdot z \cdot v} \sqrt{td - t^2} \text{ kg} \qquad S = \frac{b' s' t\, k}{10\,000\, v} \text{ kg}$$

IV. Tafel der Schnittgeschwindigkeit *v* und Vorschübe *s*.

	Gußeisen		Schmiedeeisen		Maschinenstahl		Bronze Rotguß Messing	
Schaltung *s* Nr. 1—4: mm/Umdrehung Nr. 6: mm/min. Nr. 7—8: mm/Hub	*v*	*s*	*v*	*s*	*v*	*s*	*v*	*s*
1. Drehen	6—12 *15—20*	0,1—3 *0,5—5*	10—13 *20—30*	0,1—3 *0,5—5*	8—12 *15—25*	0,1—3 *0,5—5*	15—30 *20—40*	0,1—3 *0,1—3*
2. Gewindeschneiden	2—3	—	2—5	—	2—4	—	6—15	—
3. Ein- u. Abstechen	5—10 *15—20*	0,05—1,5 *0,05—1,5*	6—12 *15—20*	0,02—1 *0,02—1*	5—10 *12—18*	0,02—1 *0,02—1*	12—20 *0,02—1*	— —
4. Bohren m. Spiralbohrer	8—12 *16—20*	0,1—0,5 *0,2—2*	10—15 *18—25*	0,1—0,5 *0,2—1,5*	6—10 *15—20*	0,1—0,5 *0,2—1,5*	16—20 *25—35*	0,1—1 *0,1—1*
4. Bohren m. Bohrstange	6—12 *15—20*	0,1—3 *0,2—5*	8—12 *10—20*	0,1—0,3 *0,1—2*	6—10 *12—18*	0,1—3 *0,1—2*	15—20 —	0,1—3 —
4. Bohren m. Kanonenbohrer	5—10	0,02—0,5	6—12	0,02—0,5	5—10	0,02—0,5	15—20	0,02—1
5. Aufreiben	3—6	0,5—10	3—6	0,5—10	3—5	0,5—10	16—20	0,5—10
6. Fräsen Lang und Plan	10—15 *25—40*	15—150 *25—250*	12—18 *30—50*	15—120 *30—300*	10—15 *25—40*	15—150 *25—250*	25—40 *40—70*	25—200 *30—300*
6. Fräsen Rund-	10—15	20—60	12—15	15—50	10—15	12—40	20—40	15—80
6. Fräsen Zahn-	9—12 *15—20*	15—75 *25—90*	10—15 *16—70*	15—50 *25—70*	8—12 *15—18*	12—40 *20—60*	20—40	25—100
6. Fräsen Gewinde			12—15	40—100	10—12	40—100	—	—

7. Hobeln	5–10	0,1–3 [1] *0,1–5* [2]	6–12 *10–15*	0,1–8 [1] *0,1–5* [2]	5–10	0,1–8 [1] *0,1–5* [2]	10–20	0,1-10 [1] 0,1-6 [2]
[1]) wagerecht [2]) senkrecht	10–15	0,6–12 [1] *0,5–10* [2]		0,6–12 [1] *0,5–10* [2]	10–15	0,6–12 [1] *0,5–10* [2]		
8. Stoßen (wage- u. senkrecht)	5–10 *10–15*	0,1–2 *0,2–5*	6–12 *10–15*	0,1–2 *0,2–5*	5–10 *10–15*	0,1–2 *0,2–5*	10–20	0,1–2

	Umfangsgeschwindigkeit Arbeitsstück m/min	Umfangsgeschwindigkeit Schleifscheibe m/sek	Anstellung der Schleifscheibe mm	Seitlicher Vorschub der Scheibe (Schaltung) mm/Umdrehung
9. Schleifen für alle Materialien *) Die kleineren Werte für größere ϕ und umgekehrt	10–25 *)	25–35	0,01–0,15	2/5–9/10 der Scheibenbreite

Bemerkungen zu der Tafel der Schnittgeschwindigkeit und Vorschübe.

1. Die liegenden Zahlen gelten für Schnellstahl.
2. Wenn das Werkzeug weit herausgespannt werden muß, müssen *v* und *s* oft sehr verringert werden.
3. Ist das Werkstück für die Maschine zu schwer, so sinken *v*, *s* und die Schnittiefe.
4. Ist das Werkstück für die Maschine zu leicht, so sinkt *v*.
5. Können Werkstücke von großer Länge und kleinem ϕ nicht gut unterstützt werden, so sind *v*, *s* und die Schnittiefe zu verkleinern.
6. Beim Drehen von Zahnrädern, Hobeln von Zahnstangen ist *v* zu verringern.
7. Bei der Bearbeitung kleiner ϕ an großen Werkstücken auf schweren Drehbänken sinkt *v* ganz erheblich.

Das Drehmoment für die Arbeit des Fräsers ist:

$$M_1 = \frac{\pi b s d k}{10\,000\, z \,.\, v} \sqrt{t d - t^2} \text{ cm kg} \quad \Bigg| \quad M = \tfrac{1}{2} \cdot \frac{b s d t k}{10\,000\, v} \text{ cm kg}$$

c) Für **Lochbohrmaschinen** ist, wenn d mm der Bohrerdurchmesser, s mm die Schaltung für eine Bohrerumdrehung, also der Spanquerschnitt:

$$\frac{d}{2} \cdot \frac{s}{2}$$

ist, der Schnittwiderstand:

$$W = 2 \frac{d}{2} \cdot \frac{s}{2} \cdot k \text{ kg.}$$

Bei dem Spitzenwinkel α beider Schneiden ist der vom Vorschub zu leistende Druck P in der Achsenrichtung des Bohrers:

$$P = 2 \frac{d}{2} \cdot \frac{s}{2}\, k \sin \alpha,$$

und da der für Spiralbohrer meist $\frac{\alpha}{2} = \sim 58^0$ ist, so folgt für diese:

$$P = \sim 0{,}424\, d\, s\, k$$

und das zu überwindende Drehmoment:

$$M = W \frac{d}{4} = \frac{d^2 s}{8} \cdot k$$

Register.

FSC
www.fsc.org
MIX
Papier | Fördert
gute Waldnutzung
FSC® C083411

Kolibri 360 GmbH
Ferdinand-Jühlke-Straße 7
99095 Erfurt, Deutschland
produktsicherheit@kolibri360.de